JavaScript机器人
编程指南

〔美〕Kassandra Perch　著

张霄翀　译

人民邮电出版社

北京

图书在版编目（ＣＩＰ）数据

JavaScript机器人编程指南 / （美）珀芝
(Kassandra Perch) 著；张霄翀译. -- 北京 : 人民邮
电出版社，2017.1（2018.12重印）
ISBN 978-7-115-43678-8

Ⅰ. ①J… Ⅱ. ①珀… ②张… Ⅲ. ①机器人－JAVA语
言－程序设计－指南 Ⅳ. ①TP242-62

中国版本图书馆CIP数据核字(2016)第263275号

版权声明

◆ 著　　　　[美] Kassandra Perch

　　译　　　　张霄翀

　　责任编辑　陈冀康

　　责任印制　焦志炜

◆ 人民邮电出版社出版发行　　北京市丰台区成寿寺路 11 号

　　邮编　100164　电子邮件　315@ptpress.com.cn

　　网址　http://www.ptpress.com.cn

　　固安县铭成印刷有限公司印刷

◆ 开本：800×1000　1/16

　　印张：10.75

　　字数：205 千字　　　　　　2017 年 1 月第 1 版

　　印数：2 501－2 800 册　　　2018 年 12 月河北第 2 次印刷

著作权合同登记号　图字：01-2016-0772 号

定价：45.00 元

读者服务热线：(010)81055410　印装质量热线：(010)81055316
反盗版热线：(010)81055315

内容提要

本书是应用 JavaScript 及相关的技术实现机器人编程的实践指南。本书将介绍使用 Johnny-Five 和 JavaScript 语言来为 Arduino 和其他机器人技术平台编写代码。

全书共分为 9 章，涉及搭建 Arduino Uno 并探索 NodeBots、Johnny-Five 基础知识、输入/输出设备和传感器、舵机和电机等运动设备、Animation 库等方面的知识。最后，本书会讲解如何将机器人连接到互联网上，以及怎样将 Johnny-Five 代码跨平台迁移。

本书适合有一定 JavaScript 编程基础交想要从事机器人编程的程序员阅读，也适合机器人编程的初学者学习参考。

作者简介

Kassandra Perch 是一名开源互联网工程师和支持者。她早期是前端开发工程师，随着 Node.js 的出现特别是受到了 NodeBots 社区发展的吸引而转向后端开发。她周游世界在各种大会上进行关于 NodeBots 及其精彩社区的演讲。她在开发机器人的业余时间里，还会编织、做布艺、雕刻或和她的猫一起玩电子游戏。

我想要感谢我的导师，像我之前说的，如果没有你我不知道会是什么样，但我确定的是遇到你我的生活一定是变得更好了。我的父母在我小的时候很支持我拆散各种东西，他们的支持让我可以继续做这样的事情并构造出自己的东西。

还有十分感谢 NodeBots 社区：你们在学习新东西时的好奇心和对趣味性的追求激励我前进。特别感谢 Rick 和 Raquel 促使我开始写这本书。

审阅者简介

Chris S. Crawford (@chris_crawford_) 是佛罗里达大学人机交互技术的一名博士生。他现在是人本体验实验室的人脑计算交互研究组的一名研究生研究员。他的研究专注在人脑机器人交互领域，包括研究将生理信号（如脑电图 EEG）用于扩展人机交互的方式。Chris 有工作在不同领域的经验，包括感知运算、3D 计算机绘图、电话投票以及原生/互联网应用开发。现在，他还是 SeniorGeek Communications, LLC 的一名软件总工程师。

Tomomi Imura (@girlie_mac) 是一名热心的开源互联网和开源技术的拥护者，一名前端工程师，和一名很有创造力的技术专家。在开始工作在互联网相关开发之前，她已经在移动设备领域活跃了 8 年了。她喜爱硬件技术，有时会在大会和工作坊上做关于 Raspberry Pi 上 IoT 原型的分享。

她在旧金山的数据提供商 PubNub 中，就像一个高级开发人员一样，支持着更好的开发人员体验。

前言

大家好！欢迎阅读本书。在这本书里，你会学到怎样使用 Johnny-Five 以 JavaScript 语言来为 Arduino 和其他机器人技术平台编写代码。我们会介绍 Johnny-Five 的基础、输入/输出设备和运动设备，比如舵机和电机。最后，我们会探索怎样将你的机器人连接到互联网上，以及怎样将 Johnny-Five 代码跨平台迁移。

本书内容

第 1 章，开始学习 JS 机器人技术，会帮助你开始搭建 Arduino Uno 并探索 NodeBots 的世界。

第 2 章，使用 Johnny-Five，介绍了 Johnny-Five 的基础，包括 Read-Eval-Print-Loop（REPL），以及我们会构建第一个自己的项目。

第 3 章，使用数字和 PWM 输出引脚，介绍了基本输出设备，使用了数字和 PWM 引脚。

第 4 章，使用特殊输出设备，介绍了使用一个或多个引脚的专门的输出设备。

第 5 章，使用输入设备和传感器，介绍了使用模拟和 GPIO 引脚的输入设备。

第 6 章，让机器人动起来，介绍了 Johnny-Five 中基本的舵机和电机的使用。

第 7 章，通过 Animation 库进行高级的移动，介绍了 Animation 库以及怎样为你的 NodeBots 创建高级移动方案。

第 8 章，高级模块——SPI、I2C 和其他设备，介绍了 SPI、I2C 和其他高级组件在 Johnny-Five 中的使用。

第 9 章，让 NodeBots 与世界相连接，介绍了怎样将你的 NodeBots 连接到互联网，以及将 Johnny-Five 代码用于非 Arduino 平台。

这本书需要的知识和物品

在开始这本书之前，你会需要如下知识和物品。

- 对 JavaScript 和 Node.JS 的基本编程知识

- 一个拥有 USB 接口的电脑，并支持 node-serialport，运行着 Node.JS 4.x

- 一个 Arduino Uno 或其他 Johnny-Five 支持的开发板（参见 http://johnny-five.io/platform-support）和一根用于开发板的 USB 连接线

- Light-Emitting Diodes（LEDs）——需要准备足够的数量，可以满足所有的例子，并为出错留些空间

- 一个 Piezo 组件

- 一个字符型 LCD（带有 I2C 接口的更好）

- 一个可用于面包板的按钮组件

- 一个可用于面包板的可旋转电位器

- 一个光敏二极管

- 一个普通温度传感器

- 3 个 5V 玩具舵机

- 一个 5V 玩具电机

- 一个 ADXL3345I2C 加速器

- 一个 SparkFun 的 LED 矩阵包——产品号 DEV-11861

- 一个游戏手柄——RetroLink N64 控制器或者一个 DualShock3

- （可选）一个 Particle Photon 微控制器

目标读者

如果你之前接触过 Arduino 或者你是电路学的新人，想学习用 JavaScript 来写脚本，这本书就很适合你。对于 JavaScript 和 Node.js 的基本知识会让你更好地从本书中获益。

格式约定

这本书中，你会发现不同的文本样式，表示了不同类型的信息。下面是这些样式的例子和解释。

代码文本、数据库表名称、文件夹名称、文件名称、文件扩展名、路径名、伪 URL、用户输入和 Twitter 账号会以如下形式显示："例如，LED 对象的 on()和 off()函数会开启和关闭 LED 灯。"

代码段会以如下形式显示。

```
var myPin = new five.Pin(11);
myPin.on('high', function(){
console.log('pin 11 set to high!');
});
```

当我们希望让你注意到代码段中的某一部分时，会用粗体显示。

```
var myPin = new five.Pin(11);
myPin.on('high', function(){
console.log('pin 11 set to high!');
});
```

任何命令行输入或输出都如下显示。

```
> node LED-repl.js
```

新的用语和重要的文字会用粗体显示。你会在屏幕中看到的文字，比如在菜单或对话框中，如下显示："现在，我们会构建一些项目来示范怎样使用更多的高级传感器：一个光电管和一个温度传感器。"

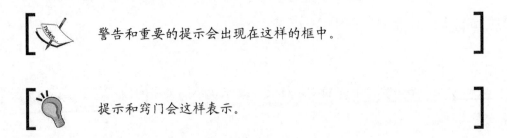

警告和重要的提示会出现在这样的框中。

提示和窍门会这样表示。

读者反馈

我们十分欢迎读者反馈。让我们知道你对这本书的想法，喜欢的和不喜欢的地方。读者反馈对我们十分重要，它能帮助我们发现更多能帮助你获益的方面。

普通的反馈请给 feedback@packtpub.com 发邮件，并在标题中注明书的名称。

如果有个主题是你很擅长并乐于撰写或参与撰写一本书的，请参考 www.packtpub.com/authors 的作者指南。

购买者支持

现在你是 Packt 书籍的读者了，我们可以帮助你从购买中获益更多。

下载样例代码

你可以使用你的账号从 http://www.packtpub.com 上下载你购买的所有 Packt 发布的书籍的样例代码。如果你从别处购买的这本书，你可以访问 http://www.packtpub.com/support 并且注册来获得邮件发送的文件。

下载书中的彩色图片

我们还提供一个 PDF 文件，包含书中所有的截图和示意图的彩色图片版。彩色图片会帮助你更好地理解输出的改变。你可以从 https://www.packtpub.com/sites/default/
files/downloads/ 3347OS_ColoredImages.pdf 下载到该文件。

勘误表

虽然，我们已经很认真地保证内容的准确度了，但错误可能还是不可避免的。如果你发现了我们书中的错误，也许是文字或代码的错误，如果能告之我们，我们会很感谢的。这样，你不仅可以帮助其他读者阅读到正确的内容，还可以让我们改进本书之后的版本。如果你找到任何错误，请通过 http://www.packtpub.com/submit-errata 告诉我们，选择书名，然后单击 Errata Submission Form 链接，输入错误的细节。一旦错误被确认了，你的提交会被接受，这个错误会更新到网站上或添加到任何已有的勘误表中。

想查看以前提交的错误，请访问 https://www.packtpub.com/books/content/support 并且在搜索框里输入书的名称。Errata 部分会显示出需要的信息。

侵权盗版

网络上有版权的资料的侵权一直是所有媒体关注的问题。在 Packt，我们很重视版权和许可的保护。如果你在网上看到任何形式的非法拷贝，请立即告诉我们链接或网站名称，我们会采取措施。

请将有嫌疑的内容链接发送到 copyright@packtpub.com。

你的帮助保护了我们的作者，也让我们能够有能力带给你更多有价值的内容。

问题

如果你有任何关于本书的问题，你可以通过 questions@packtpub.com 联系我们，我们会以最大努力去纠正问题。

目录

第 1 章
开始学习 JS 机器人技术

欢迎来到 JavaScript 机器人的世界！让我们探索一下用 Arduino 和 Johnny-Five 来编写机器人程序有多么简单吧。

在这一章中，我们会做如下事情：

- 探索 JS 机器人技术、NodeBots 和 Johnny-Five；

- 搭建开发环境；

- 使板载 LED 灯闪烁。

1.1 理解 JS 机器人技术、NodeBots 和 Johnny-Five

JavaScript 是近几年才开始成为机器人技术语言的，这要从 Chris Williams 编写的一个 NPM 模块 **node-serialport** 开始说起。这个模块允许 Node.JS 通过串行连接与设备通信，这包括老式计算机的典型串行连接或 USB 和蓝牙连接这些我们常用的连接类型。那么 **NodeBot** 到底是什么？我们又是怎样将它们和 Johnny-Five 组合使用的呢？

1.2　NodeBot 是什么，基本词汇还有哪些

一个 NodeBot 指的是任何一块可以用 JavaScript 和/或 Node.JS 来控制的硬件。这里包含了大量的项目，有无数方法来实现一个 NodeBot。在这本书中，我们会使用 Johnny-Five 库，这是 Rick Waldron 创建的一个开源项目。

 写给刚刚接触机器人技术的读者：一个微控制器是一个包含处理器、内存和输入/输出插口的小计算机。这是我们项目的大脑，我们的项目会与之通信或直接加载在其之上。微控制器会以各种形态和大小出现，并有着各种各样的功能。

我们会在项目中使用一个微控制器。你应该使用哪种微控制器呢？很幸运，我们使用 Johnny-Five 意味着我们的选择范围很广，并且都可以使用本书中的代码！

到底 Johnny-Five 是什么？好用在哪里呢？

1.3　Johnny-Five 和 NodeBot 的革新

Johnny-Five（http://johnny-five.io）是一个开源的 Node.JS 机器人技术库。它由 Rick Waldron 创建并且有由贡献者和支持者组成的活跃社区。在基于 Node.JS 4.x 写这本书时，这个模块可以很好地工作在 Windows、Mac 和 Linux 计算机系统上。

Johnny-Five 构建于 node-serialport 之上，并且让我们可以通过编写 JavaScript 应用来以不同类型的连接与不同的微控制器通信。对于某些微处理器，比如 Arduino-compatible 开发板，Johnny-Five 使用了串行连接。而对于一些新的开发板，Johnny-Five 通过一个网络服务模拟了串行连接！

Johnny-Five 对多种开发板类型的支持是通过它的包装器系统实现的。一旦安装了核心系统，你就可以为特定的微控制器安装一个包装器，并且 API 保持不变。这是一个很强大的功能，你可以在不同的平台间轻松地移植代码，无需改动。

1.4 如何使用这本书

我们会使用 Arduino Uno 开发板来实现这本书里的示例。你可以在网上买到这些开发板，比如 Adafruit（`www.adafruit.com`）、SparkFun（`www.sparkfun.com`）等。你还可以使用 Arduino Uno 兼容的开发板。例如 SainSmart 售卖的 Uno-like 开发板用于我们的示例也没有问题。在这一章里，你会需要这个开发板和一根配套的 USB 数据线。

在之后的章节里，我们会使用其他的模块，每一章都会列出一张该章节项目需要的材料清单表。

1.5 搭建开发环境

现在我们已经了解了基本概念，接下来要开始为第一个项目搭建环境了。写这本书的时候，这里使用到的所有软件都可以用于 Windows、Mac 和 Linux 桌面系统。

1.5.1 安装 Node.JS

如果你还没有安装 Node.JS，可以在 nodejs.org 上下载一个安装器。这个安装器还会安装 NPM 或 Node Package Manager，可以用来管理我们使用的其他软件。

在你的机器上运行安装器，这里可能会需要重启。然后，打开命令行应用，运行如下命令。

```
node --version
```

这行命令的输出值应该是 4.x.x，其中，x 为整数。

1.5.2　设置项目并安装 Johnny-Five

在你的命令行应用中，为你的项目创建一个文件夹并且改变路径到这个文件夹：

```
mkdir my-robotics-project
cd my-robotics-project
```

接下来开始安装 Johnny-Five：

```
npm install johnny-five
```

你应该会看到一个等待图示和一些输出。如果在输出行的最后没有 ERR NOT OK 的消息，就表示安装 Johnny-Five 成功了。

在 Mac 机器上，你可能需要先安装 XCode 开发者命令行工具。

1.5.3　连接微控制器并且安装 Firmata

首先，你应该准备好 Arduino IDE。当然我们还是使用 JavaScript，但是，我们需要确保开发板上运行着供 Johnny-Five 正常通信的专门的 sketch（Arduino 开发里对程序的称呼）。

你可以从 Arduino 网站（http://www.arduino.cc/en/Main/Software）获得安装器。在这本书中假设你使用的是 1.6.4 版本，但 1.4 左右的版本也应该可以正常工作。

下载好软件后运行它。然后我们要确定串行连接工作正常。

 如果你使用的不是 Arduino 开发板，这一步并不是必要的。但应该会有其他的步骤。你的开发板的包装器插件应该会注明的。

将 USB 数据线插入开发板和计算机。开发板上的一些 LED 灯会亮起来，这是正常现象。然后，在 Arduino IDE 的 Tools 菜单下，将鼠标指针悬停在 Ports 子菜单上，你会看到类似图 1.1 所示的端口列表。

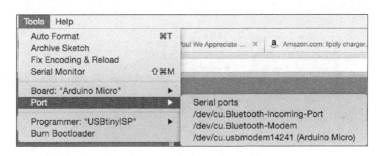

图 1.1

你应该会在表中至少看到一条内容匹配如下格式：/dev/cu.usbmodem*****。也许有 Arduino Uno 后缀，也许没有。找到了就单击它，这个就是你需要用于 Firmata 安装的端口。看到它说明你的开发板可以与计算机进行通信，并且也可以开始安装 Firmata 了。

想要在你的开发板安装 Firmata，如图 1.2 所示，进入 File | Examples | Firmata | StandardFirmata 菜单。

一旦你打开了 sketch，你会看到如图 1.3 所示的一个 IDE 窗口。

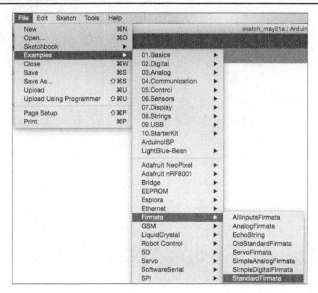

图 1.2

图 1.3

一旦 sketch 启动了，单击 Upload 按钮（看上去像个向右的箭头）就可将 Firmata 上传到你的开发板上。等到上传结束，可以关闭 Arduino IDE，之后就可以开始用 JavaScript 工作了。

一个名叫 Suz Hinton（@noopkat）的程序员正在开发一个叫 AVRGirl 的 node 项目，很快这个项目会使我们不再需要这一步。用户可以在 www.github.com/noopkat/avrgirl 上了解到更多细节！

1.6　Hello，World！——让板载 LED 灯闪烁

现在我们已经搭建好开发环境了，可以通过写 JavaScript 来使用我们的 Arduino 开发板了。我们会从 Arduino 微控制器上的 LED 灯闪烁开始。

1.6.1　编写 Johnny-Five 脚本

使用你喜爱的 IDE，在你的项目目录中创建一个 hello-world.js 文件。然后，复制粘贴或键入如下代码。

```
var five = require("johnny-five");
var board = new five.Board();

board.on("ready", function() {
  var led = new five.Led(13);
  led.blink(500);
  });
```

我们会在第 2 章中介绍更多这段代码的细节，简单介绍就是：我们在 Johnny-Five 模块里引入这段代码并用它创建一个新的开发板对象。当这个开发板准备好后，我们会在引脚 13（这个引脚已经被连接到 Arduino Uno 开发板的板载 LED 灯上）创建一个 LED 对象。然后我们编程让这个 LED 灯每半秒闪烁一次。

1.6.2　运行脚本

想要运行脚本，先打开命令行应用，进入项目目录，运行如下命令。

```
node hello-world.js
```

应该会看到如图 1.4 所示的输出。

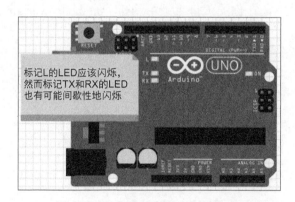

图 1.4

应该看到 Arduino Uno 开发板上有一个 LED 灯在闪烁。图 1.5 展示了板载 LED 灯的位置。

图 1.5

如果一切正常并且 LED 灯在闪烁，恭喜你！你已经可以开始用 Arduino 和 Johnny-Five 构建机器人和应用了！

 如果在这里遇到了问题，可以去 Johnny-Five 网站（www.johnny-five.io）寻求解决方法。

1.7　小结

在这一章里，我们学习了 JS 机器人技术和理解了什么是 NodeBot 。我们了解了在这本书中需要用到的硬件模块，并且学习了怎样搭建开发环境。最后，我们了解了怎样使板载 LED 灯闪烁。在下一章里，我们会更深入地了解 Johnny-Five 为什么这么强大，并且开始编写和构建一些更加复杂的项目。

第 2 章
使用 Johnny-Five

在这一章里，我们会开始使用 Johnny-Five 来构建我们的机器人项目。我们会了解为什么 Johnny-Five 是一个适合入门机器人技术的很棒的库，并且会构建我们的第一个机器人。我们会学习怎样实时地通过命令行操控机器人，这在其他平台上并不容易实现。本章结束的时候，你会对涉及的软件有全面的了解，这对于构建更复杂的硬件会有很大的帮助。

本章包括以下内容：

- Johnny-Five 项目的工作原理；

- 理解 Johnny-Five 中的事件；

- 接通一个 LED 灯并使其闪烁；

- 使用 REPL（Read-Eval-Print-Loop）。

2.1　本章需要用到的模块

这一章里你所需要的就是一个微控制器（例子中还是使用的 Arduino Uno）和一些

LED 灯，我们只会连通一个 LED 灯，但你可能需要多准备一些，以防被烧坏。

2.2　Johnny-Five 项目的工作原理

在这一节里，我们会看一下 Johnny-Five 项目的内部细节，这样就可以去构建更复杂的应用。

2.2.1　对象、函数和事件

Johnny-Five 项目使用了基于事件的结构来工作，请记住这 3 个概念：对象、函数和事件。

对象有助于程序性地表示我们的物理电子模块，通常使用 new 关键字来构建。Johnny-Five 中的一些对象的例子包括表示 Johnny-Five 库的 five 对象、表示微处理器的 Board 对象和程序性地表示 LED 灯的 LED 对象。

```
var led = new five.Led(11);
```

函数是供我们创建的对象使用的，通常表示机器人可以进行的行为。例如 LED 对象会有一个 on()函数和一个 off()函数，用于开关 LED 灯：

```
led.on();
led.off();
led.blink();
led.stop();
```

事件会在对象上触发，表示我们程序中的观察点。例如，当开发板准备好从 Johnny-Five

接收指令时，Board 对象会触发了一个 ready 事件。

我们还可以给一个引脚设置事件来跟踪 LED 事件：

```
var myPin = new five.Pin(11);
myPin.on('high', function(){
  console.log('pin 11 set to high!');
});
```

我们在每一个 Johnny-Five 项目中都会使用到这 3 个概念，所以早一些标准化我们的词汇库比较好！

2.2.2　了解 LED 灯闪烁脚本

在上一章里，我们写了一小段脚本来开关一个板载 LED 灯。让我们看看代码细节并概括一下我们使用的对象、函数和事件。

```
var five = require("johnny-five");
```

这一行代码将 johnny-five 引入项目，这样我们就可以使用它了。

```
var board = new five.Board();
```

这一行代码创建了我们的 board 对象。注意，如果没有传递参数，Johnny-Five 会假设你使用 Arduino 并猜测串行端口。

```
board.on("ready", function() {
  var led = new five.Led(13);
  led.blink(500);
});
```

这里我们在 board 对象上设置了一个监听器，用来监听 ready 事件。当开发板准备好时，事件处理器就会在引脚 13 初始化一个 Led 对象并通过调用 blink 方法来让 LED 灯闪烁。

这就是大多数 Johnny-Five 函数的基本格式：创建一个 Board 对象，创建监听器来处理 ready 事件，然后在 ready 事件处理器里创建模块对象并调用它们的方法。我们还可以为模块对象添加监听器和处理器，之后的几章里会继续讨论这部分内容。

2.3　理解 Johnny-Five 事件

Johnny-Five 中的事件是很重要的概念，也是一个新的概念，特别是当你习惯于底层编程语言时。它跟中断的概念很像，但是绝对已经偏离了传统的机器人编程范例中的时间循环。当你可以在 Johnny-Five 里创建计时器和循环时，强烈推荐使用基于事件的程序方式来实现，当然这也需要一些练习。

为什么要基于事件

这个问题经常被问起："为什么基于事件？为什么不像之前的方法一样基于循环或基于中断？"

原因很大程度与机器人工作的方式和我们对机器人编程的思考方式有关。当你思考你希望机器人做什么事情时，你很少会这样想"每 X 秒我都要检察一下 A 再启动任务 B"，而你通常会想"当 Y 发生的时候，我要启动事件 C"。

Johnny-Five 的基于事件系统通过在事件上放置监听器和处理器很好地支持了这种思路，而不是需要用户每隔 X 秒去检查条件是否满足。这让新接触机器人编程的人很容易理解。

理解事件对于理解 Johnny-Five 十分重要，因为每个 Johnny-Five 脚本会在一开始初始化一个 Board 对象然后等待它的 ready 事件。就像基于浏览器的 JavaScript 应用中 DOM 的 ready 事件一样，它会通知你可以开始发送指令了。

2.4　连接一个外部 LED 灯

对于第一个硬件项目，我们会给 Arduino 连入一个 LED 灯。LED 灯或叫作发光二极管（Light Emitting Diode），是一个在电流经过时会发光的模块。它有不同的颜色和尺寸，基本上是对机器人技术爱好者来说最易于使用和多样性的模块了。

搭建硬件

首先，取一个 LED 灯。我们需要找到它的正负接线，对于这个模块，很明显，正接线比负接线长。如图 2.1 所示。

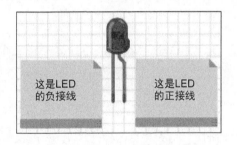

图 2.1　确定 LED 灯的正负接线

想要把 LED 灯连到 Arduino 上，先将正接线接到引脚 11，然后将负接线接到标有 GND 的引脚上，如图 2.2 所示。

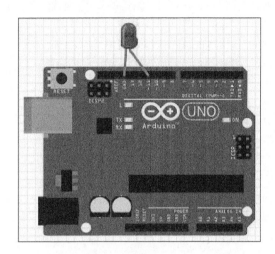

图 2.2　连接 LED 灯

基于兴趣，你还可以使用一个面包板，如图 2.3 所示。

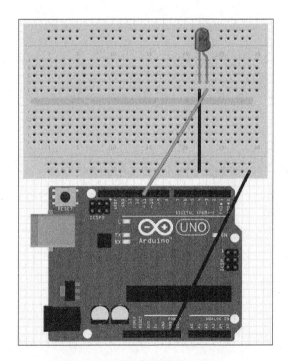

图 2.3　使用面包板连接 LED 灯

现在我们已经连好 LED 灯了，接下来准备让它闪烁。下面的脚本看上去一定很熟悉。

```
var five = require("johnny-five");

var board = new five.Board();

board.on("ready", function() {
  var led = new five.Led(11);
  led.blink(500);
  });
```

因为这是和上一章基本一样的脚本，我们只是改变了引脚数字去对应新安装的 LED 灯。

保存并运行脚本。你会看到开发板上的 LED 灯在闪烁。

当你运行脚本时，你会注意到一个提示，甚至可以在其中输入！这就是 REPL，我们会开始使用它来实时操作 LED 灯！

2.5　使用 Read-Eval-Print-Loop（REPL）

读取、求值、输出、循环（Read-Eval-Print-Loop）或英文缩写 REPL 是一个与很多脚本语言相关的概念，但是对于库来说很新，对于机器人技术来说更新。想一想在典型的 Arduino 程序里是怎样改变一个状态的：你会修改源代码，在开发板上重新加载它，并等待它执行。

然而，基于 Johnny-Five 的工作方式，我们可以在代码执行时修改我们机器人的代码。这是因为我们使用了 Firmata，这个开发板就是一个精简型客户端，会回应 node 项目的指令，所以如果我们让 Node 项目发出不同的指令，就可以实时改变机器人的工作方式。

Johnny-Five 项目里是通过向 REPL 注入模块来实现的，然后就可以使用它们了。

2.5.1　使模块对于 REPL 可用

接下来会修改上一节的脚本来操作 LED 灯。我们会使用到 `this.repl.inject()` 方法。当用在 `board.on('ready')` 处理器里时，`this` 关键字是对应的全局语境，所以我们可以从项目中通过 `this.repl` 来访问 REPL。`inject` 方法接受一个对象，对象中所有的键表示你可以从 REPL 中访问的模块名称，对应的值表示你想访问的模块。

所以我们会传递以下对象到 `inject` 方法中。然后我们可以通过 `myLed` 名称来访问 LED 灯模块。

```
{
  myLed: led
}
```

我们的新的代码如下所示。

```
var five = require("johnny-five");

var board = new five.Board();

board.on("ready", function() {
  var led = new five.Led(11);
```

```
this.repl.inject({
  myLed: led
});


led.blink(500);
});
```

在 LED-repl.js 中保存这段代码。现在我们不仅有之前写好的代码（引脚 11 的 LED 灯会闪烁），还可以在代码中通过 REPL 访问 LED 灯。现在来运行一下试试吧。

2.5.2　使用 REPL

首先，保证 LED 灯还是连在引脚 11 上，将开发板连到电脑上。然后，在命令行中，在.js 文件所在的文件夹里运行如下命令。

> **node LED-repl.js**

你会看到一个启动队列，并跟着一个提示，如图 2.4 所示。连到引脚 11 的 LED 灯也会开始闪烁。

图 2.4　Johnny-Five REPL 提示的控制台搭建

这（包括 Repl 初始化输出）表示你可以开始使用 REPL 了。试着输入 myLed 并按回车。你会看到 LED 对象的内容，如图 2.5 所示。

```
>> myLed
{ board:
  { timer:
    { '0': null,
      _idleTimeout: -1,
      _idlePrev: null,
      _idleNext: null,
      _idleStart: 567293514,
      _onTimeout: null,
      _repeat: false },
    isConnected: true,
    isReady: true,
    io:
    { domain: null,
      _events: [Object],
      _maxListeners: undefined,
      isReady: true,
      MODES: [Object],
      I2C_MODES: [Object],
      STEPPER: [Object],
      HIGH: 1,
      LOW: 0,
      pins: [Object],
      analogPins: [Object],
      version: [Object],
      firmware: [Object],
      currentBuffer: [],
```

图 2.5　REPL 中 myLed 对象的输出

你可以看到 LED 对象上一些方法和属性的名字。接下来，我们会使用 REPL 来停止 LED 灯的闪烁。在 REPL 中输入 myLed.stop() 并按回车。这个 .stop() 方法也会返回 LED 对象，输出会如图 2.6 所示。

这个方法会很快地返回值，并且 LED 灯停止闪烁。

 请注意 LED 灯没有必要关闭，它还是开启着的。

Johnny-Five 对象方法的一个很酷的地方是它是链式的，如果你想让 LED 灯停止闪烁后就保持关闭状态，可以使用 myLed.stop().off()，如图 2.7 所示。

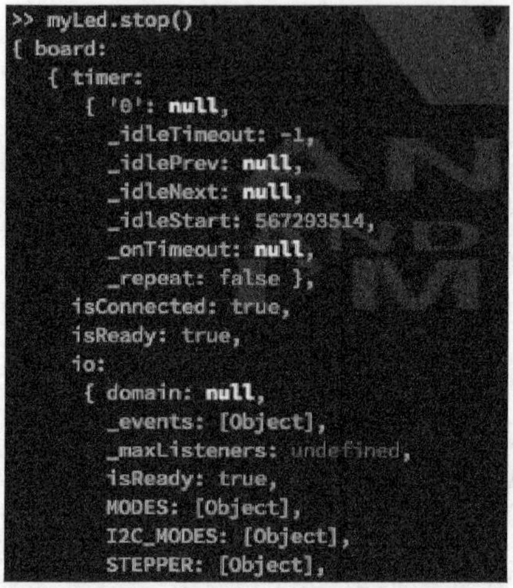

图 2.6　myLed.stop()的输出

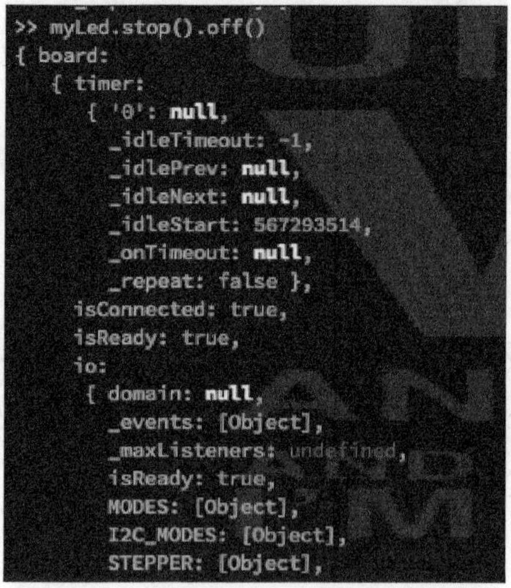

图 2.7　在 REPL 里使用链式函数调用

REPL 里还有以下很多 LED 的方法供用户调用。

- .on()和.off()

- `.blink()`

- `.pulse()`

- `.toggle()`

- `.strobe()`

- `.fadeIn()`和`.fadeOut()`

试试它们，看你的 `myLed` 对象会发生什么变化！

2.6　小结

在这一章里，我们学习了怎样连接 LED 灯并使用 REPL 来实时调整机器人的状态。我们理解了当在复杂的硬件上工作时都有哪些软件参与进来。还通过探索 REPL 和事件结构了解了 Johnny-Five 在机器人技术事件上的优势。

在下一章里，我们会探索引脚（包括模拟和 PWM 引脚）并且了解更多关于怎样设置 LED 灯的亮度值。

第 3 章
使用数字和 PWM 输出引脚

在这一章里，我们会探索微控制器里的引脚：它们是怎样工作的，怎样通过 Johnny-Five 来操控它们，怎样通过代码使它们展现不同的行为。我们还是会构建两个项目：一个是用不同的 LED 灯来深入探索 Led API；另一个是用 Piezo 组件来演奏一些音乐。

这一章会包括以下内容：

● GPIO 引脚的工作原理；

● 使用多引脚和多 LED 灯；

● 使用一个 PWM 输出和一个 Piezo 组件。

3.1 本章需要用到的模块

第一个项目里，你会需要微控制器、一些面包板连接线、一个半片面包板和 5 个 LED 灯。

第二个项目里，你会需要微控制器、一些面包板连接线、一个半片面包板和一个 Piezo 组件。

3.2　GPIO 引脚的工作原理

如果我们回顾上一个项目，可以从代码中观察到我们向 Johnny-Five 的 Led 对象写入了值，改变了 LED 灯的状态和亮度。这是怎么实现的呢？当然底层的细节已经超出了这本书的范围，我们只会深入一些来讲一下工作原理，这会用到 GPIO（General-Purpose Input/Output 通用输入/输出）引脚的概念。

一个 GPIO 引脚是一个提供电流或从电路中读取电流的引脚。在上一个项目中，我们使用它来为 LED 灯提供了不同等级的电量。这些引脚可以由用户来定义，决定是用于输入（读取电流）还是输出（提供电流）。现在我们会关注在输出引脚上，这类引脚有两种主要类型：数字和脉宽调制（PWM）。

3.2.1　数字输出引脚

数字输出引脚只能给电路提供两种电流：1 和 0，HI 和 LOW，或 ON 和 OFF。这表示如果连接一个 LED 灯到数字引脚上，就只能开关它。

所以，在我们的例子里，当运行 `pulse()` 方法时，LED 灯会显示不同等级的亮度。这意味着使用的是 PWM 引脚。

3.2.2　PWM 输出引脚

PWM 引脚可以传送不同等级的电量到电路中。其方法就是通过将引脚设置成 HIGH，然后在一定的时间内快速地设置成 LOW 的方式来模拟不同等级的电量。

从编程角度来说，你可以将 PWM 引脚设置成 0 到 255 之间的任意值（包括 0 和 255）。这个值决定了这个引脚设置到 HIGH 的频繁程度。例如，值 0 表示 PWM 引脚被设置到 HIGH 的频率是 0%。值 85 是 255 的 1/3，表示引脚被设置到 HIGH 的频率是 1/3 的时间——这会模拟出 1/3 的电量，在 LED 灯例子中，也就是 1/3 的亮度。

我们的第一个例子会使用一个 PWM 引脚来展示 LED 灯不同等级的亮度，但其实 PWM 引脚还有无数种用法，就像我们将在这一章看到的，还可以用来制造音乐！

3.2.3　怎样区别数字引脚和 PWM 引脚

怎样辨别微控制器上的哪些引脚是 PWM 引脚？这确实取决于你使用的微控制器。若是此书中使用的 Arduino Uno，PWM 引脚用~，或称作波浪符来标记。也就是说，在一个 Uno 上，PWM 引脚为 3、5、6、9、10 和 11，如图 3.1 所示。

下面，我们会通过连接一些 LED 灯和使用 Led API 来探索这些引脚的区别。

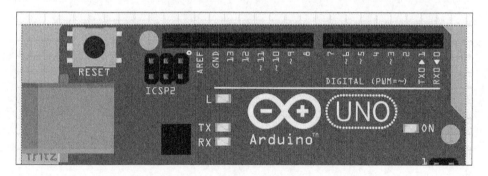

图 3.1　辨认 Arduino Uno 上的 PWM 引脚

3.2.4　用于多个 LED 灯的多个引脚

在接下来的项目中，我们会使用 Led 对象 API 并测试一些不同的方法。这是

Johnny-Five 的优势之一——抽象。如果你理解 LED 灯的概念,可以不用多想底层的引脚或工作时序,直接使用 Johnny-Five LED 对象。下面让我们看一下将要在项目里用到的方法。

- on() 和 off():控制 LED 灯的开和关。在抽象中,这两个方法将 LED 灯连接的引脚分别设置成 HIGH 和 LOW。我们会在 REPL 中使用它们。

- blink(time):在给定的时间间隔中使 LED 灯闪烁。strobe() 和 blink() 互为别名方法,功能是一样的。

- pulse(time):控制 LED 灯渐亮的开启和渐暗的关闭。这需要 LED 灯连接到 PWM 引脚上。time 参数用于设置脉冲时间值,如 500 表示 LED 灯会在 500ms 的时间里渐亮开启,再在 500ms 的时间里渐暗关闭,表示一个 1s 的脉冲。

- fade(brightness, ms):控制 LED 灯在 ms(毫秒)里从当前的亮度渐变到指定的亮度。

- stop():停止 LED 灯的任何循环行为。注意这并不意味着关闭 LED 灯。它只是停止了进行中的循环行为,如果这时 LED 灯就是开启的,那还是保持不变。

记住大多数 Johnny-Five 对象的方法都是可以链式调用的,你可以一个接一个地使用它们。

```
myLed1.stop().off()
```

这段代码会停止 LED 灯所有的循序事件并关闭它。

现在我们了解了将要使用的方法,开始给下面的项目接线吧。

3.2.5　为项目搭建好硬件

准备好你的材料并参考图 3.2。

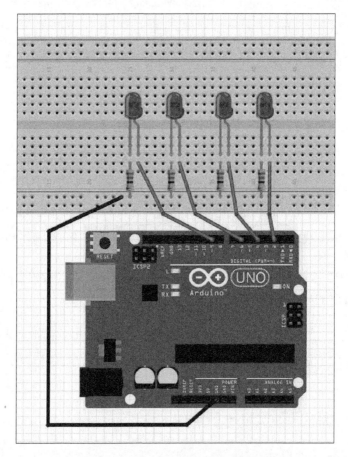

图 3.2　多 LED 灯项目的连线图

注意这些 LED 灯被接入引脚 2、4、6 和 9——两个是数字引脚，两个是 PWM 引脚。我们会通过一个实验来分辨它们到底是数字引脚还是 PWM 引脚。

3.2.6　开始为项目写脚本

开始写脚本，将其命名为 `leds-gpio.js`，以下为我们的目标。

创建 Board 对象并添加一个处理器到开发板的 ready 事件上。

为每一个 LED 灯创建 Led 对象。

分别使引脚 2 和引脚 9 对应的 LED 灯以 myLed2 和 myLed9 对 REPL 可用。

设置引脚 4 对应的 LED 灯每 500ms 闪烁一次。

设置引脚 6 对应的 LED 灯每 500ms 渐变闪烁一次。

你的代码大概应该是这样的：

```
var five = require("johnny-five");

var board = new five.Board();

board.on("ready", function() {
  var myLed2 = new five.Led(2);
  var myLed4 = new five.Led(4);
  var myLed6 = new five.Led(6);
  var myLed9 = new five.Led(9);

  this.repl.inject({
    myLed2: myLed2,
    myLed9: myLed9
  });

  myLed4.blink(500);
  myLed6.pulse(500);
});
```

现在，让我们运行脚本并试一下新的 Led 对象。

3.2.7　了解更多 Johnny-Five 的 LED 对象

当你运行脚本时，引脚 4 和 6 的 LED 灯会开始相应的闪烁和渐亮渐暗。首先，我们看一下当运行 pulse() 时发生了什么，这个方法需要一个 PWM 引脚，而 LED 灯对应的引脚 2 是一个数字引脚。在 REPL 里运行如下脚本。

```
myLed2.pulse(500);
```

你会因为程序崩溃得到 REPL 错误提示，如图 3.3 所示。

图 3.3　当数字引脚使用 PWM 方法时报的错误

这是因为 Johnny-Five 监视着你的项目并保证没有在数字引脚上使用 PWM 方法。这也展示了 Johnny-Five 的另一个优点，维护者做了很多事情清晰地展示大部分的错误消息，这在与机器人代码打交道的过程中很重要。

重启代码，运行如下脚本。

```
myLed2.on().isOn
```

这会在 REPL 中返回 true 值，如图 3.4 所示。

图 3.4   属性 isOn

这指向了 Led 对象的一个属性。isOn 会告诉你 LED 灯是否开启着（值不是 0）或关闭着（值为 0）。你的 LED 灯还有些其他属性，如图 3.5 所示。

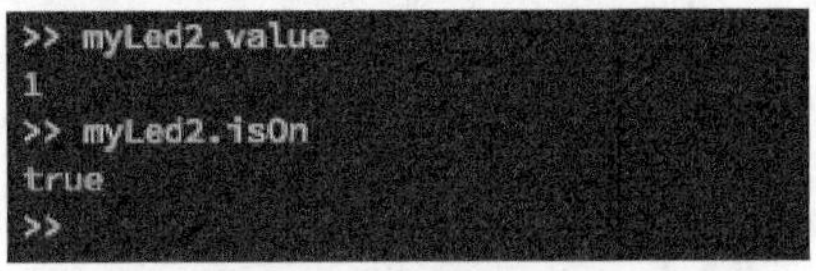

图 3.5   其他 LED 属性

继续在 myLed2 和 myLed9 上尝试这些属性和方法吧。

现在我们已经学会了使用一个简单的 Johnny-Five 模块 ——LED 灯，再来看看另一个更有趣的模块 API，并通过 Piezo 对象演奏些音乐吧。

3.3   使用 PWM 引脚和 Piezo 元素

Piezo 元素很有意思，你可以轻松地通过它们为 Johnny-Five 项目添加音乐。我们会创建一个小项目并尝试用一些 Johnny-Five 工具来在这些有趣的小模块上演奏音乐。

3.3.1   搭建硬件

连接一个 Piezo 很容易，你只需先找到+极和-极。通常，+极标记在 Piezo 的塑料外壳顶端，并且接线长一些（跟 LED 灯很像），较长的接线表示+极。最后，一些 Piezo 蜂鸣器还会将接线标记成红色（+极）和黑色（-极）。

　　一旦你找到了+极，连接到引脚 3，再连接-极到 GND，如图 3.6 所示。

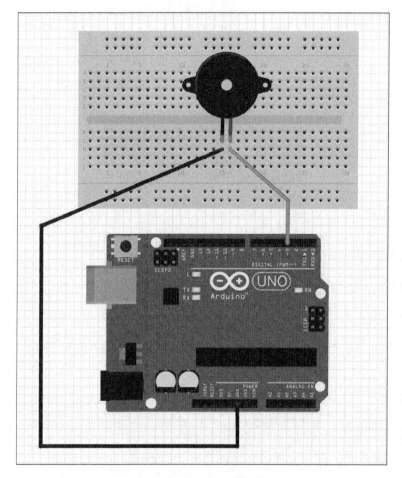

图 3.6　Piezo 连接图示

3.3.2　编写脚本

　　这个脚本比起之前的复杂一些，我们需要创建一个 Piezo 元件，该元件只需要一个引脚。然而，一段音乐还是比开关 LED 灯复杂多了。幸运的是，Johnny-Five Piezo API 的 play() 方法会接收一个对象。这个对象有例如拍子、节奏和歌曲这样的属性，我们会使用这些来演奏旋律。

有很多方法可以表示 play() 方法中的歌曲。一种方式（我们这里会使用的）是音符的字符串，如下所示。

```
C D F D A - A A A G G G - - C D F D G - G G G G F F F F - -
```

当使用这个方式时，我们假设是中八度，-符号代表空音符，表示这里没有演奏。

对于拍子，我们会使用 1/4 拍，对于节奏，会从 100bpm（每分钟节拍数）开始。代码会显示如下。

```
var five = require("johnny-five"),
  board = new five.Board();

board.on("ready", function() {
  var piezo = new five.Piezo(3);

  board.repl.inject({
    piezo: piezo
  });

  piezo.play({
    song: "C D F D A - A A A G G G - - C D F D G -
      G G G G F F F F - -",
    beats: 1 / 4,
    tempo: 20
  });

});
```

保存到一个叫 `piezo.js` 的文件中并在命令行中运行：

```
node piezo.js
```

你就会听到一段轻快的小曲从 Arduino 开发板中传出！

3.3.3　引脚的作用

Piezo 需要 PWM 引脚的原因是 Piezo 对象在通过引脚 3 向 Piezo 发送不同大小的电量，这样才能发出不同的音符。Johnny-Five 库使我们可以将音符展示成我们方便理解的形式，而不是去计算出每个音符要发送多少电量。

3.3.4　探索 Piezo API

你可以继续探索 Piezo API，包括尝试用其他方式来撰写旋律，这样可以更好地控制你的八度音阶。访问 Johnny-Five 网站可以获得更多的细节和实例。

挑战：使用 REPL，找到一种方式让 Piezo 停止演奏歌曲。

提示：`piezo.off()`方法。

3.4　小结

在这一章里，我们了解了 GPIO 引脚的工作方式，以及它们是怎样通过调整引脚值来为 Johnny-Five 对象打下基础的。

接下来，我们会看一下怎样处理使用模拟输入引脚的 Johnny-Five 项目的输入。

第 4 章
使用特殊输出设备

现在我们知道输出引脚（数字和 PWM）是怎么工作的了，再来看一下特殊输出设备。这些设备均使用多个引脚，原因有很多：有些使用了广泛熟知的协议，有些是有专利的，有些只是需要很多引脚来输出大量数据。我们会看一下一些广泛熟知的协议并且用这样的设备构造一个项目，这个设备是一个字符型 LCD，让人联想到计算器。

这一章包括以下内容：

● 需要多个引脚的输出；

● 检查与 Johnny-Five 的兼容性；

● 获得文档、接线图等；

● 项目——字符型 LCD 显示。

4.1　本章需要用到的模块

在这一章的项目里，你需要一个开发板、一根 USB 数据线和一个字符型 LCD 显示。一个面包板及其连接线也会派上用场的。

我们会了解一下怎样使用字符型 LCD，包括有 I2C 接口的和没有 I2C 接口的。一个有 I2C 接口的例子可以在这里找到：http://www.amazon.com/SainSmart-Serial-Module-Display-Arduino/dp/B00813HBEQ。一个快速确认 I2C 兼容字符型 LCD 的方式是查看预先焊在转接板上的文字，如图 4.1 所示。它只用了 4 个引脚，分别标记为：VCC、GND、SDA 和 SCL。

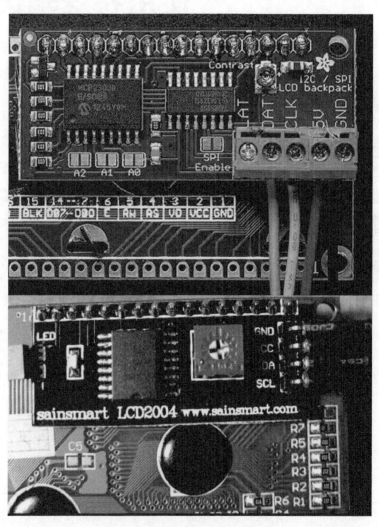

图 4.1　I2C 字符型 LCD 转接板示例

一个没有 I2C 接口的字符型 LCD 的例子在这里：`https://www.adafruit.com/products/181`。主要的直观区别是，比起 I2C 接口使用的 4 个引脚，这种 LCD 会使用更多的引脚，如图 4.2 所示。

 注意这可能也需要通过焊接组装！

注意如果你使用的开发板不是 Arduino，在购买字符型 LCD 前请阅读检查兼容性，你需要先确定你的开发板是 I2C 兼容的。写这本书的时候，这里用的所有的 Arduino 开发板都是在 Johnny-Five 内兼容 I2C 的。

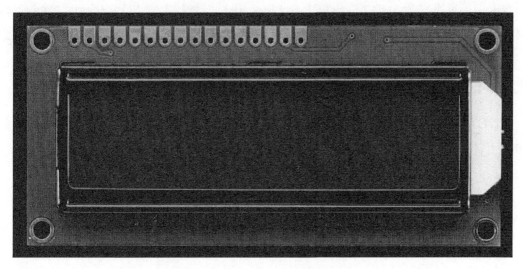

图 4.2　一个不支持 I2C 接口的字符型 LCD

4.2　需要多引脚的输出

输出设备的类型很多，有些只需要一个输出引脚输出数据，比如我们之前几章用的 LED 灯和 Piezo 元素。但是，可供我们使用的输出设备数量庞大，其中很多都是需要更复杂的指令而不是仅仅一个输出引脚就足够。

这些设备以不同的方式工作，而这些已经超出了这本书的范畴，我们只会去了解一些常用的类型。在这一章里，我们只是了解一下 I2C，因为对于项目要用的设备来说，这是很常用的格式。

内置集成电路（I2C）

I2C，或称为内置集成电路，是可以共享相同的两个数据引脚组合的输出设备。两个数据引脚通常称为 SCL（Serial Clock Line，串行时钟线）和 SDA（Serial Data Line，串行数据线），SCL 负责处理工作时序，SDA 负责发送数据。你可以将多个设备连接到一对数字输出引脚的原因是，为了从 I2C 设备收发一个消息，你需要知道它的地址，这是每个消息都有的一个十六进制字节前缀，用来决定消息是发给哪个设备的。

I2C 也经常被用于有很多数据要发送的输入设备，比如下一章会看到的加速器和磁力计。

4.3　检查与 Johnny-Five 的兼容性

在线找到很多不同的设备很容易，但是怎么知道它们是否与 Johnny-Five 相兼容呢？并且它们是否可以工作在你自己的开发板的 Johnny-Five 上呢？

幸运的是，Johnny-Five 网站 www.johnny-five.io 可以直接告诉你，你只需要按照一定的步骤来找到你寻找的设备类型。

首先，先看一下这个网站 www.johnny-five.io。这里有很多菜单项，就现在来说，我们只需要看 Platform Support 项，如图 4.3 所示。

图 4.3　johnny-five.io 网站导航

一旦进入 Platform Support 页面，就可以寻找你使用的开发板。如果你使用的是 Arduino Uno，你的搜索会很快，因为它就在页面顶部，如图 4.4 所示。

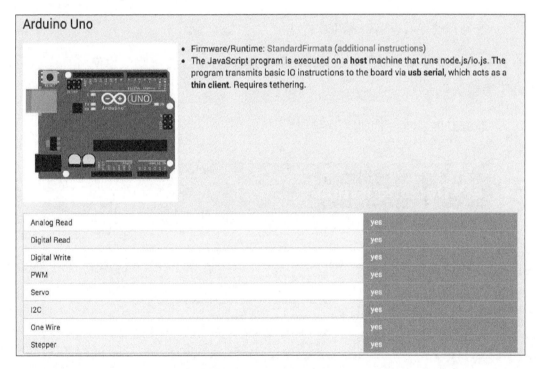

图 4.4　Platform Support 页面 Arduino Uno 的入口

你可以看到，这里有个表格显示了每种开发板条目的兼容性信息。如果你没有使用 Arduino Uno，在购买或尝试使用 I2C 字符型 LCD 之前先快速检查一下开发板的 I2C 兼容性。

4.4　获取文档、接线图等

在构建你自己的 Johnny-Five 项目时，一个很好的技能是找到你要使用的模块的 代码和接线图。幸运的是，www.johnny-five.io 网站和项目提供了全面的高质量文档！

我们来看一下网站上的 LCD 文档，为构建项目做准备，如图 4.5 所示。

1．在网站的导航栏单击 API 项。

2．然后，你会看到左侧（如果你使用的是电脑）或上方（如果你使用的是平板或手机）有模块列表。

3．找到并单击列表中的 LCD 项。

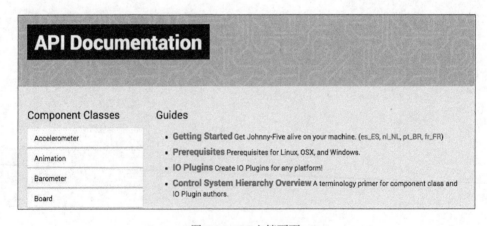

图 4.5　API 文档页面

一旦进入 LCD 页面，你会看到很多不同的 LCD 模块、LCD API 的内容和底部一些例子链接。在 Johnny-Five 上每个模块都会有这样一个页面，所以很容易上手。

让我们来看看下一个项目里会用到的 LCD API 吧。

基于你使用的 LCD 类型的不同，构造函数接受多个不同的参数。当构建项目时，我会介绍引脚参数的细节，但是行和列是我们现在就可以了解的。不管你是从包装上读还是根据字符间隔的数量来估算都可以，算一算你的 LCD 有多少行和列吧。

还有个背光引脚选项，大部分 LCD 有背光，有一些还有 RGB 背光。如果没有背光，就不用初始化这个参数；如果有单色的背光，你就需要设置这个选项。

如果 LCD 有一个 RGB 背光，你需要查看 LED 副标题下的 Led.RGB 类并自己初始化它，我们会在项目里看一下实际的代码，但是最好先看一下 RGB LED API 确定一下。

一旦你熟悉了在 Johnny-Five 网站上搜索信息，就能方便地找到你的项目相关的丰富信息。还有就是，整个网站是开源的，可以在 GitHub 上找到（`https://github.com/bocoup/johnny-five.io`），所以你可以提出问题和提交自己的样例代码。

4.5　项目——字符型 LCD 显示

在接下来的项目里，我们要将字符型 LCD 连接到 Arduino Uno 开发板上，并且使用 Johnny-Five 在上面打印一些信息。我会使用一个 I2C 显示，但也会介绍非 I2C 版本的接线图和代码。

接线——I2C LCD

首先，我们会描述一下怎样连接 I2C LCD。注意接线图会看上去有些不同，因为在 I2C 转接板的图形软件中没有模块出现。下面的附图会解释你的疑问。

你要在 LCD 元件的背面找到标记为 SCL 和 SDA 的引脚，这些引脚需要连接到 Arduino Uno 的两个引脚上，通常不是所有的元件都会清晰地标注出来。这些引脚靠近 USB 插口和重置按钮。如果 USB 插口面向左侧，这两个引脚通常在顶部一排引脚的左边，其中左边的是 SCL，右边的是 SDA。新型的开发板中，引脚侧面会标记出来。

这些都找好后，将 VCC 连接到 5 V，GND 连接到 GND。如果存在 LED 灯引脚，就连接到 3v3。如图 4.6 和图 4.7 所示。

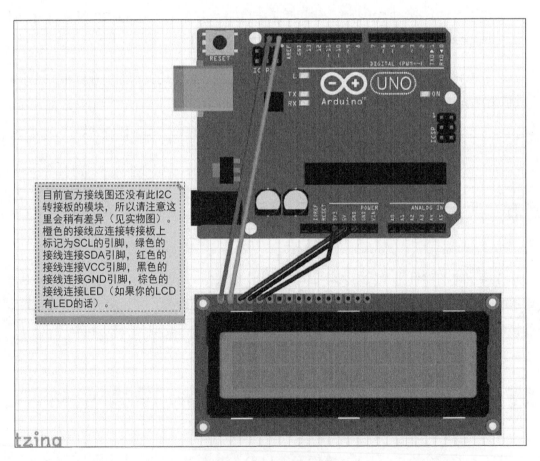

图 4.6　I2C LCD 的连接图

图 4.7　I2C 转接板接线的照片——连接常规 LCD

在给非 I2C LCD 接线时，要用到六个数据引脚和一些接地引脚和电源引脚。这些引脚是 rs、en、d4、d5、d6 和 d7，在 LCD 上为引脚 4、6、11、12、13 和 14。我们会把它们连接到 Uno 上的引脚 8、9、4、5、6 和 7 上。

引脚 2 和 15 都是连接到主电源上的，引脚 2 给 LCD 供电，引脚 15 给转接板 LED 灯供电。引脚 1 和 16 接地匹配引脚 2 和 15。引脚 3 连接到一个电位器上，关于电位器我们下一章会有更多的介绍。现在只需要知道它像一个小的可以转动的把手。你的

LCD 上应该已经有一个了，现在按照如图 4.8 所示连接起来，左手侧连到电源，右手侧接地，中间连到 LCD 的引脚 3（注意：顺序不能反过来）。这个电位器控制对比度，并且内置于 I2C LCD 中。

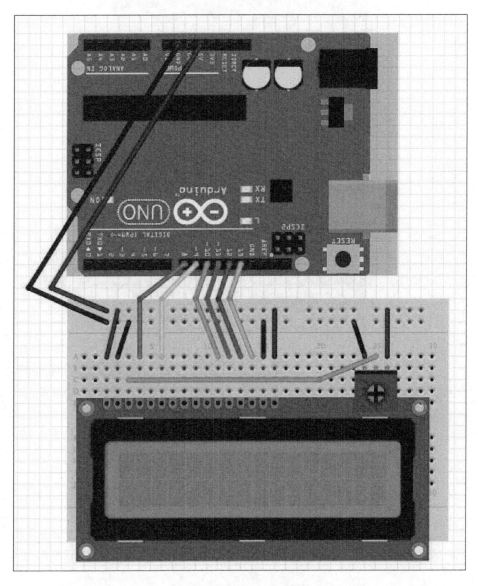

图 4.8　为非 I2C LCD 接线

请注意，在图 4.8 中，Arduino Uno 被旋转了。请小心地接线。

想要检查接线是否正确，可以把 Arduino 接入你的电脑。打开背光，你应该会看到 LCD 上的块状字符。需要的话可以调整电位器后再观察块状字符。

4.6　代码

现在我们已经将 LCD 连接好了，接下来会写一些代码。我们会先在代码中做一些初始化工作，还会在 REPL 中开启 LCD，尝试一下实时操作。

4.6.1　I2C 版本

I2C 版本的 LCD 代码如下。

```
var five = require("johnny-five");
var board = new five.Board();

board.on("ready", function() {
  // Controller: PCF8574A (Generic I2C)
  // Locate the controller chip model number on the chip itself.
  var l = new five.LCD({
    controller: "PCF8574A",
  });
```

```
this.repl.inject({
  lcd: l
})


l.useChar("heart");
l.cursor(0, 0).print("hello :heart:");
l.blink();
});
```

4.6.2　非 I2C 版本

非 I2C 版本的 LCD 代码如下。

```
var five = require("johnny-five");
var board = new five.Board();


board.on("ready", function() {
  var l = new five.LCD({
    pins: [8, 9, 10, 11, 12, 13]
  });


  this.repl.inject({
    lcd: l
  })


  l.useChar("heart");
  l.cursor(0, 0).print("hello :heart:");
```

```
    l.blink();
  });
```

记住，如果你的 LCD 有 I2C 转接板就要使用 I2C 版本，否则，使用非 I2C 版本。它们的区别就是控制器：I2C LCD 需要一个转接板上列出的控制器，而非 I2C 需要一个引脚数组去控制 LCD。

4.7　运行代码

现在我们已经写完代码了，来启动这个程序吧。使用 `lcd-i2c.js` 节点还是 `lcd.js` 节点，取决于你在项目中使用的字符型 LCD 的类型。

你应该会看到你的 LCD 亮起并显示 hello，跟着一个心形字符。LCD 光标还会闪烁。

心形字符是哪来的呢？字符型 LCD 的很多有意思的功能之一就是你可以自定义很多图标并使用它们。Johnny-Five 已经在 `lcd` 对象中创建了一个集合供你使用。Johnny-Five 定义的其他图标的例子有 target、duck、dice1、dice2 直到 dice6，以及 check。

 注意你一次最多只能使用 8 个自定义字符，因为 LCD 对于自定义字符的内存有限制。

现在我们的代码运行起来了，准备用 REPL 来尝试一下 LCD API。我们已经将 lcd 对象赋值到 lcd 变量上了。首先，如下所示，清空 LCD 屏幕。

```
> lcd.clear();
```

你的 LCD 应该清空了，光标应该还是在闪烁。如果你想关闭这个效果，可以使用如下代码。

```
> lcd.noBlink();
```

这会关闭光标效果。希望从第二行开始？我们可以通过 cursor(row, column) 函数移动光标。

```
> lcd.cursor(1, 0);
```

与数组和其他编程概念相似，一个 LCD 的列和行是从 0 开始的：例如，第二行是 1。现在，让我们在第二行打印些内容。

```
> lcd.print("hello, world!");
```

这会打印到第二行。现在，让我们清空显示，来显示一个字符型 LCD 的边界情况。

```
> lcd.clear();
> lcd.print("This is a really really really really long sentence!")
```

发现奇怪的现象了吗？当第一行溢出时，开始在第三行打印了，然后才是第二行。这是 LCD 正常的行为。也就是说，你需要检查你打印的内容的长度，来避免溢出使得代码看上去有问题。现在，让我们清空 LCD 并加载一个自定义图标。

```
>lcd.clear();
>lcd.useChar('clock');
>lcd.print(":clock:");
```

这会清空 LCD 并打印一个钟表字符。函数 .useChar 通过传入的名称从 Johnny-Five 提供的图标集合中提取出这个图标，并发送命令给 LCD 使其加载到内存中。当运行 .print 函数时，前后字符 "：" 告诉函数我们要使用一个特殊字符。

4.8　小结

在这一章里，我们通过阅读 `johnny-five.io` 的文档了解了如何使用特殊输入设备。这里的知识会帮助你在机器人技术旅程中使用很多不同的模块。如果你找到一个新的模块并编写了代码，希望你能共享回 Johnny-Five 帮助其他人！

下一章里，我们会学习怎样使用不同的输入设备和传感器来构建一个 Johnny-Five 项目。

第 5 章
使用输入设备和传感器

我们已经学会处理输出，但机器人真正有意思的地方是利用不同的输入来生成输出。这一章里，我们会了解基本输入设备，比如按键，还有环境传感器（比如能感应环境光的传感器）。我们会介绍 Johnny-Five 是怎样通过事件来让这些设备易于使用的，并且构建一些项目。这章结束后，你应该已经拥有构建大部分输入/输出项目的知识了。

这一章会包括以下内容：

● 模拟输入引脚的工作原理；

● Johnny-Five 的传感器事件；

● 使用基本输入设备——按键和电位器；

● 使用传感器——光和温度；

● 其他传感器的类型和使用。

5.1 本章需要用到的模块

在这一章的项目里，你需要一个开发板、一根 USB 数据线、一些输入设备和传感器。

首先，你需要一个按键。这可以在很多新手包里找到，也可以单独购买。我们打算使用这个四个插脚的按键，如图 5.1 所示。

图 5.1 机器人项目的常见按键

当然，两个插脚的按键也可以，四脚按键也是将四个插脚分散在按键两侧的，所以也可以用两脚的代替。

你还需要一个旋转电位器，上面有旋钮可以旋转设置值，就像扬声器上的音量旋钮一样。最好是一个与面包板兼容很好的三个插脚的旋转电位器，如图 5.2 所示。

图 5.2 基本款旋转电位器

请注意你可能有一个滑动电位器（像是滑动开关或调光开关）或者其他变位器。这都可以，但请到 www.johnny-five.io 网站上参考更多细节来为它们接线。

对于输入设备，首先你需要一个光传感器，也被称为"光电管"，通常看上去像二极管，顶部印有波浪的设计，如图 5.3 所示。

图 5.3　一个光传感器二极管

还有一些用于光传感器的模块，但在这一章里，让我们关注在二极管类型上。你可以很容易地在 Adafruit 和 SparkFun 上找到它们。

为了完成我们的传感器项目，还需要一个温度传感器。它看上去像截去一半的迷你气缸，底部有 3 个金属脚。我推荐 TMP36，背面印着 TMP，如图 5.4 所示。

图 5.4　一个温度传感器

　　你也可以使用有着同样接线的 LM35，这个传感器看上去很像 TMP36，除了背面印着 LM35 。如果你使用不同类型的温度传感器，继续之前请访问 http://johnny-five.io/api/temperature，检查一下 johnny-five.io 文档，看看是否支持这个传感器。

　　你还会需要一个面包板、一把面包板连接线、一个 LED 灯和一些 10kΩ 电阻。

　　电阻通过降低传到传感器的电流来保证精准读取，也保护了输出设备。为了保证你使用的电阻是 10kΩ，我们会使用电阻上的彩色条纹来区分。你的电阻应该有棕色、黑色和橙色的条纹。可能之后还有其他颜色的条纹，现在的情况下不影响我们。电阻应该如图 5.5 所示。

图 5.5　一个 10kΩ 电阻

5.2　模拟输入引脚的工作原理

　　输入是强大的机器人方程式的第一部分；有的机器人可以知道天气，有的可以告之它们的移动速度，有的可以看到事物。输入引脚让这些成为了可能，所以这一节里我们会讨论它们是怎样工作的和我们要怎样使用它们。

模拟输入引脚的工作方式是从传感器上读取一个电压值，并转换为 0 到 1023 之间的整数。输入设备制造商通常会给他们的设备一个比例来说明怎样将这个整数转换为真实世界中的值，比如，我们会将温度传感器的值转换为一个人们理解的温度值。

我们将使用这些引脚，将其插入真人输入设备和环境传感器中，并且将输入映射为对应的值。通过这个方法，我们可以开始开发通过输入生成输出的项目了。

5.3　Johnny-Five 传感器事件

像在之前章节讨论的，Johnny-Five 的很多功能都依赖于事件。输入和传感器也不例外，很多时候，你需要通过等待事件来与之交互。虽然很多输入设备可以在任何时间读取数据，但这些大部分是用于调试，并且在项目编程中，你需要理解你的输入设备或传感器的可用事件。

很多输入设备和传感器都有 data 事件，这个事件告诉项目数据是什么时候从设备读取的。它有些像数据流：快速地报告并且十分频繁。这通常用于调试，大部分机器人程序更关心的是传感器或输入的数据什么时候变化，而不是什么时候有新的输入被读取了。

change 事件同样在大部分设备中可用而且很常用，只有当输入的数据变化时才会触发。一个很好的例子是我们将会在这一章看到的一个关于温度变化的项目。

学习使用事件最好的方法就是在 johnny-five.io 上通过你的设备的 Johnny-Five 文档来学习，这也会让你了解每个输入设备和传感器的所有事件列表，会对启动一个新项目很有益。

5.4　使用基本输入设备——按键和电位器

让我们先来使用一些基本输入设备。我们会从按键和电位器开始，这两个几乎是结合 Johnny-Five 使用的最简单的输入设备，并且这也是熟悉特殊输入设备对象的一个好的方法，例如按键对象和用于电位器的通用 Sensor 对象。

5.4.1　连接按键和 LED 灯

首先，我们将要接线一个按键并编码使一个 LED 灯作为它是否被按下的指示。项目的接线图如图 5.6 所示。

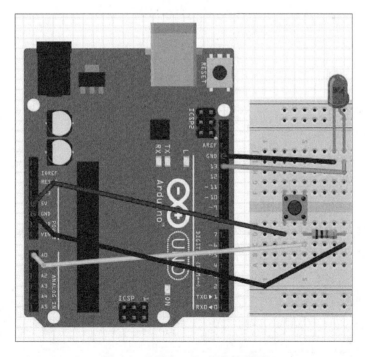

图 5.6　按键和 LED 灯的接线图

如果你使用的是四脚按键，请确定它像图中一样跨过了面包板的中心槽。如果没有，这个按键不会正常工作。如果你使用的是两脚按键，接线方式也是很相似的，而且不需要跨过中心槽。

5.4.2　编码 button-led.js

现在，让我们来看看 Johnny-Five 的 Button 对象里哪些是我们需要用的。首先，我们想知道是否有个事件表示按键被按下。当然，肯定有这样的事件：按键按下时，`press` 事件被触发了。当按键松开时，我们还看到 `release` 事件被触发了。

使用这些事件和我们之前对 Led 对象的知识，就可以写出如下的 button-led.js。

```
var five = require('johnny-five');

var board = new five.Board();

board.on('ready', function(){
  var button = new five.Button('A0');
  var led = new five.Led(13);

  button.on('press', function(){
    console.log('button pressed!');
    led.on();
  });

  button.on('release', function(){
    console.log('button released!');
```

```
        led.off();
    })
});
```

这段代码会让按键按下时 LED 灯亮起，按键松开时 LED 灯熄灭。继续通过下面的命令运行它。

```
> node button-led.js
```

试一下，你会看到你的命令行里有如图 5.7 所示的输出。

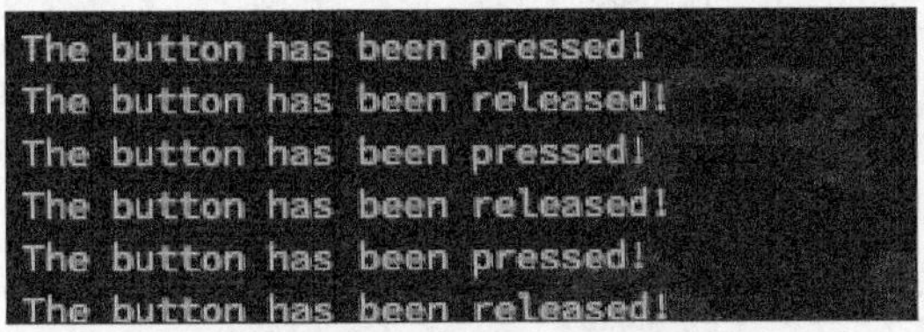

The button has been pressed!
The button has been released!
The button has been pressed!
The button has been released!
The button has been pressed!
The button has been released!

图 5.7　led-button.js 的输出

LED 灯会在按钮按下时亮起，在按钮松开时熄灭。

现在我们让这个按键工作了，再来搭建我们的电位器并探索其他的输入设备和传感器设备相关事件吧。我们的项目会通过设置 LED 灯的亮度来与电位器的输入相关联，本质上我们是在构造一个调光开关。

5.4.3　连接电位器和 LED 灯

拿到你的电位器并按照图 5.8 所示来接线。

 请注意如果你使用之前的按键项目的接线方式，这里的 LED 引脚已经改变了，请确保你也相应地做了调整。

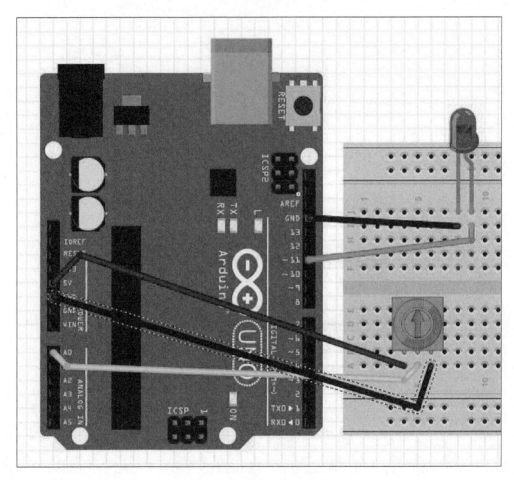

图 5.8　调光开关的接线图

5.4.4　编码调光开关

写代码的过程中，你可能发现了 Johnny-Five 里并没有电位器的对象。没有关系，电位器是一个很基础的传感器，我们使用 Sensor 对象就可以了。

接下来，我们来看看将要使用的事件。当电位器的输入改变时，change 事件被触发了，所以我们可以用这个事件来触发 LED 灯的改变。正如文档中描述的，我们会使用 this.value 来读取数据。

现在，我们来思考一下 LED 灯的工作模式和电位器的输入。LED 灯的值可以被设置成 0 到 255 之间的值，电位器可以接受 0 到 1023 之间的输入。我们可以自己来做这个转换，但是幸运的是，Johnny-Five 已经提供了一个函数来帮助我们，叫 scale(min, max) 函数。它会将输入值按照我们提供的数字来转换，如此例中的 0 和 255。我们还是用 this.value 来获取转换后的值。如果想在事件处理器里得到未转化的值，可以使用 this.raw。

我们可以在事件监听器调用之前使用 scale 方法来转换电位器输出值到 LED 可以接收的范围。

基于这些了解，我们可以为调光开关写代码了。将如下代码写入 dimmer-switch.js。

```javascript
var five = require('johnny-five');


var board = new five.Board();


board.on('ready', function(){
  var pot = new five.Sensor('A0');
  var led = new five.Led(11);


  pot.scale(0, 255).on('change', function(){
    console.log('The scaled potentiometer value is: ' +
      this.value);
    console.log('The raw potentiometer value is: ' + this.raw);
    led.brightness(this.value);
  });
});
```

使用如下命令运行代码。

```
> node dimmer-switch.js
```

测试一下扭转电位器。命令行会显示出如图 5.9 所示的数据日志。

LED 灯的亮度应该随之变化。现在我们对输入设备有个不错的初步了解了，再来看看传感器，使用一下光电管和温度传感器。

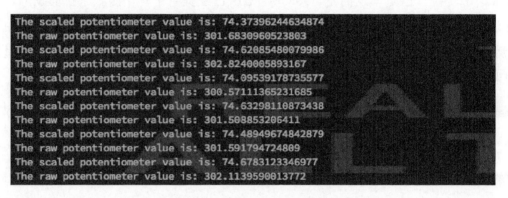

图 5.9　dimmer-switch.js 的输出

5.5　使用传感器——光和温度

现在，我们将要构建一个项目来展示怎样使用更多的高级传感器：一个光电管和一个温度传感器。我们会学习 Johnny-Five 几个特殊的 Sensor 对象，可以让高级传感器更容易使用，还会在 REPL 里操作输入值，并使用一个叫 barcli 的模块来在控制台显示输入数据。

5.5.1　连接光电管

首先，我们从光电管开始，接线图如图 5.10 所示。

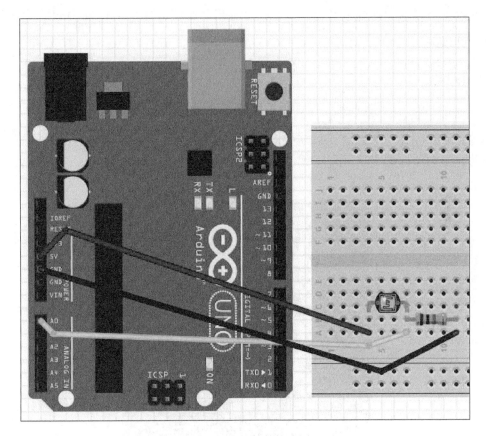

图 5.10　光电管的接线图

 注意，连接传感器只用了两个引线，但电阻的安装要用到三个：
输入引线、电源引线和接地引线。

5.5.2　编码光电管样例

编码光电管样例时，我们会发现并没有专门的光电管对象，所以会像电位器一样使用通用的 Sensor 对象。

在输出从传感器得到的数据时，我们会使用一个很方便的工具叫 barcli，它会使输出易于阅读。

barcli

Johhny-Five 的早期时候，很常用的检查传感器的方法是在每个改变事件发生时打印数据日志。但这很快就导致信息混乱，可读性差，控制台里打印出几千条整数行。这帮助并不大，如图 5.11 所示。

图 5.11　barcli 出现前的数据输出

幸运的是，Donovan Buck（动画章节我们会再见到他的名字）写了一个很好用的 Node 模块叫 barcli（发音为 BAHRK-LEE），它使得在控制台绘制条形图变得很简单。这是在控制台展现传感器数据的最好方式，因为你可以实时的看到更新，这比上千行整数的可读性高多了！

你可以在这里找到 barcli：`https://github.com/dtex/barcli`。想要安装 barcli 到代码的目录，运行如下命令。

```
> npm install barcli
```

想要创建范围为光电管范围（0～1023）的图表，我们可以使用下面的代码。

```
var barcli = require('barcli');
var graph = new barcli({
  label: 'photocell',
  range: [0, 1023]
});
```

再使用下面的代码设置图表。

```
graph.set([photocell value]);
```

这些图形读起来就容易多了，如图 5.12 所示。

图 5.12　控制台中的 barcli 图表

5.5.3　整合所有代码

基于现在对 Johnny-Five、Sensor 对象和 barcli 掌握的知识，我们可以在

photocell.js 里编写如下代码。

```
var five = require('johnny-five');
var Barcli = require('barcli');

var board = new five.Board();
var graph = new Barcli({
  label: 'Photocell',
  range: [0, 1023]
});

board.on('ready', function(){
  var photocell = new five.Sensor('A0');

  photocell.on('data', function(){
    graph.update(this.value);
  });
});
```

现在代码写好了，运行一下：

```
> node photocell.js
```

控制台里的条形图会随着你盖住或照亮光电管而变化。

现在我们已经了解了一个典型的 Sensor 对象，来通过温度传感器看一下特别的对象吧。我们来写一个小应用，可以将温度传感器检测到的温度以华氏、摄氏和开尔文形式显示到条形图里。

5.5.4　连接温度传感器

参考图 5.13 的接线图来为你的 TMP36 或 LM35 温度传感器接线。

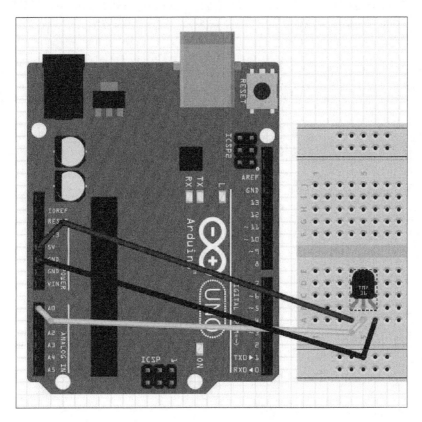

图 5.13　温度传感器接线图

 一种检查 TMP36 或 LM35 是否接线正确的方式是：接好线后将开发板插到电脑上。将你的手指靠近温度传感器。传感器感受到热度了吗？再将接地引线和电源引线位置换一下看看。接线图假设正面是面向你的，记住，多检查一下总是好的！

5.5.5　编码温度传感器样例

查看一下温度传感器对象的 API，我们会发现没有什么专门的 API 调用。其实，数据事件处理器的 this 对象里还是有一些特殊的属性的。这些属性让我们可以直接去访问温度传感器的华氏、摄氏和开尔文的温度值，而不用自己去做数学转换。

有了对 Sensor 对象和 **barcli** 的理解，我们可以在 temperature.js 里编写如下代码。

```
var five = require('johnny-five');
var Barcli = require('barcli');


var board = new five.Board();

var fahrenheitGraph = new Barcli({
  label: 'Fahrenheit',
  range: [20, 120]
});


var celsiusGraph = new Barcli({
  label: 'Celsius',
  range: [6, 50]
});


var kelvinGraph = new Barcli({
  label: 'Kelvin',
```

```
  range: [250, 325]
});


board.on('ready', function(){
  var temp = new five.Temperature('A0');


  temp.on('data', function(err, data){
    fahrenheitGraph.update(data.fahrenheit);
    celsiusGraph.update(data.celsius);
    kelvinGraph.update(data.kelvin);
  });
})
```

现在，运行一下：

> **node temperature.js**

我们应该会在控制台看到如图 5.14 所示的三个条形图。

图 5.14　temperature.js 的控制台输出

试着在传感器附近放些热的或凉的东西，看看条形图的变化！

5.6　小结

在这一章里，我们学习了怎样使用不同的输入设备和传感器来构建 Johnny-Five 项目去感受周围的世界。我们已经学习了怎样监听事件，还有使用通用的 Sensor 对象和特定的对象如 Button 和 Temperature。

下一章里，我们会学习怎样用传感器来移动机器人。

第 6 章
让机器人动起来

这一章包括以下内容：

● 不同种类的舵机和电机；

● 使用舵机和电机的特别注意事项；

● 连线舵机和电机；

● 创建一个使用电机和 REPL 的项目；

● 创建一个使用舵机和传感器的项目。

6.1 本章需要用到的模块

你需要微控制器，基于兼容性，在这一章里强烈推荐 Arduino Uno。还需要 USB 数据线、一个面包板、一些面包板的连接线和 10kΩ 电阻。再准备一个光电管，或者其他想尝试的传感器。

你还会需要一个运行在 5V 电压上的电机和一个使用 5V 电压的普通玩具舵机。很容易在玩具商店或 Adafruit、SparkFun、Seeed studio 和其他在线商店里找到。下面会介绍一些种类供你选择。

6.2　不同种类的舵机和电机

首先，我们会了解一些要用到的舵机和电机。但在这之前，先为刚接触这部分知识的人快速介绍一下舵机和电机。

6.2.1　定义舵机和电机

一个电机会将电能转化为动能。电量进，运动出。动能是以旋转运动为形式的输出，一种最常用的电机输出是转动轮子。注意你可以通过控制输入的电量来控制电机的转速，但不能精确地改变电机的位置。

接下来介绍一下舵机。舵机会使用电力移动到一个指定的点（通常是 180° 以内）。然而有一些舵机可以旋转 360°。我们之后会讨论这部分内容。舵机在技术上是更特殊的电机，电机用于推动项目，而舵机用于控制。

6.2.2　需要注意的事项

Johnny-Five 项目可以使用的舵机和电机有不少。我们会了解一下它们，这个过程中有一些事情需要注意。

例如，注意电机或舵机需要的电压和电流，如果是大于 5V 的，你就不能使用 Arduino 的 5V OUT 了，需要用别的来替代；如果它们只使用 5V 电压却消耗大量电流，你可能要考虑给开发板接入外部电源了。注意当你有多个舵机时，需要额外的电流供应，但电压要保持一致，比如，你有两个舵机都是需要 5V 电压 200mA 电流，你还是需要 5V 的电压，但需要 400mA 的电流！更多的信息可以在舵机或电机的资料表中查看。

6.2.3　电机的种类

当我们了解一些电机类型时，记住大部分电机的功能是相同的，它们有开关并且你可以通过调整电源微调速度。但是，这并不涵盖电机的所有用途，还是有很多有意思的用途的！

普通玩具电机看上去像一个大气缸，一端有些连线，另一端有个金属棒，如图 6.1 所示。

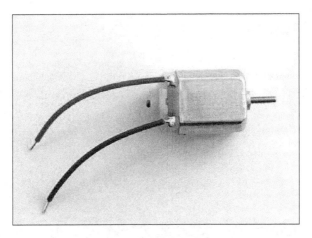

图 6.1　标准直流玩具电机

电机有各种尺寸，能提供各种等级的能量。通常用于运动和推动的项目，比如遥控车。还有些电机叫作转向电机，这表示你可以控制方向。如果使用的是不能转向的电机，你只能使它朝一个方向转。设计项目的时候要考虑这些。

还有振动电机，常用于手机中没有铃声时的振动提醒。看上去很像普通的电机，但一端的金属头有不对称的重量，如图 6.2 所示。

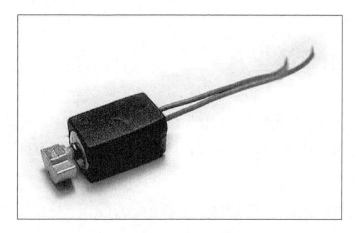

图 6.2　振动电机

这种电机主要用于振动触感的需求，但它在可穿戴设备和手机的世界里，是很重要的一部分！

最后，要介绍的是步进电机。它们通常较大并需要更多能量，如图 6.3 所示。

图 6.3　步进电机

虽然步进电机的运动方式看上去很低调，但它被赋予了更多的全方位控制度和精度。常见的使用场景是 3D 打印，因为其精度和速度，这些电机位于大部分 3D 打印机的中心位置。

6.2.4　舵机的种类

舵机有两种主要类型。第一种统称标准舵机，主要用于玩具遥控交通工具，如车和飞机，或者玩具机器人。通常看上去像一个塑料汽缸盒子，顶部有一个螺旋桨、一个手臂或一个圆盘，如图 6.4 所示。

这些舵机的旋转范围跨 180°（半圈）。但是，也可以按需设置位置使其拥有比电机更多的精度。

还有一种叫连续旋转舵机，可以旋转 360°。注意这两种舵机看上去很相似，对比一下之前的舵机示图和图 6.5。

大部分的连续旋转舵机会有标志标明，但你购买的时候还是要留意一下类型。

图 6.4　标准舵机

图 6.5   连续旋转舵机

6.2.5   应该使用舵机还是电机

这是个很棒的问题：如果你希望有移动的效果，你会选哪种，舵机还是电机？经验法则是：如果你想要精准的动作，选择舵机。舵机可以设置为按照特定的角度移动，电机的运动速度依靠传入的电量来控制，而不是一个单独的单位如角度/秒。

很多人会认为如果想要全 360°的旋转范围就只能选择电机。其实不是，连续旋转舵机不仅拥有舵机的精准性，还有全角度旋转的功能。

6.2.6   舵机和电机控制器

有时，你可能想在项目里用很多电机和舵机，比如一个六足机器人会用到 18 个高电力的舵机！Arduino Uno 上没有那么多引脚，但是使用一个舵机控制板，你可以只用两个数据引脚就能控制很多电机或舵机。这些控制板使用我们第 4 章讨论过的 I2C 方式，如图 6.6 所示。Johnny-Five 对很多的这类控制板都有内置的支持。如果你想使用，确定你在 www.johnny-five.io 上查看了文档确认了兼容性。

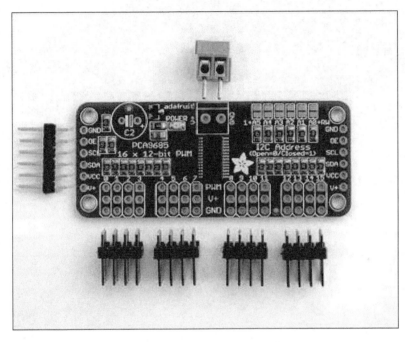

图 6.6 有 I2C 接口的舵机控制板样例图

6.2.7 电机和舵机驱动板

驱动板是 Arduino 术语，用来表示 Arduino 开发板（通常是 Uno）上的一个扩展板，拥有一些额外的功能。驱动板可以用来添加 Wi-Fi 功能、LED 矩阵等等。很常见的一个驱动板类型是电机和舵机驱动板，如图 6.7 所示。Johnny-Five 支持很多电机使用的驱动板。再重申一遍：如果你想要使用很多电机或高电力电机，请一定要在 www.johnny-five.io 上查看文档确认其是否适合你的项目。

图 6.7   电机驱动板的样例图

6.3   使用舵机和电机的特别注意事项

使用舵机和电机的项目有些特殊的注意点，大部分集中在电源和 Johnny-Five 项目总是需要连接电脑来运行代码的事实上。

6.3.1   电源注意事项

舵机和电机需要耗电。当你使用的数量很多时是个问题。如果你使用 5V 舵机和电机并一次使用多个，就需要给 Arduino 连接外置电源以免影响性能。这些电源通常插在一个外置插座上。

如果你使用的舵机和电机需要 5V 以上的电压，就会需要外置电源。这就不是本书的讨论范围了。

> **注意：**
>
> 在插入任何外置电源之前，先确保你的开发板的电压值已经调到电源的电压，对于 Arduino Uno 来说是 12V。如果不确定就使用 5V 电源给 Arduino。并且，使用外置电源时要遵守合理安全的协议。SparkFun 有一份很好的指引，可以在 `https://learn.sparkfun.com/tutorials/how-to-power-a-project` 看到。

6.3.2　有线连接和数据线

使用 Johnny-Five 意味着开发板上的运行代码需要接收电脑上的消息。如果连接丢失了，项目就无法运行。这也就意味着大部分的 Johnny-Five 项目需要保持着 USB 连接线的连接。所以如果你想要做一个涉及移动的项目，你需要一根很长的 USB 连接线。

还有些使用 Johnny-Five 的无线 NodeBots 的选项，会在第 9 章介绍。

6.4　连线舵机和电机

接线舵机看上去跟接线传感器很像，除了信号映射到输出的部分。接线电机和接线 LED 很像。

6.4.1　连线舵机

接线舵机，如图 6.8 所示。

连接线的颜色可能和你的不一样。如果你的连接线是红色、棕色和橙色，红色是 5V，棕色是 GND，橙色是信号线。不确定的时候就查看一下舵机的资料表。

舵机接好线后，插入开发板开始监听舵机。如果你听到咔咔声，快速拔下开发板，这表示你的舵机试图达到一个不能达到的位置。通常，大部分舵机底部会有个小螺丝用来校准。用一个小螺丝刀旋转螺丝直到当电源开启的时候没有那个咔咔的噪音为止。

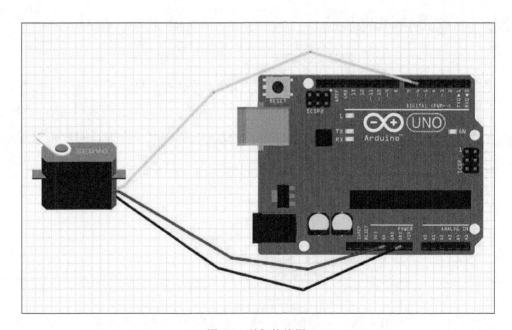

图 6.8　舵机接线图

连续旋转舵机的接线步骤也是一样，接线图变化不大，就是接线的舵机不一样而已。

6.4.2　接线电机

接线电机如图 6.9 所示。

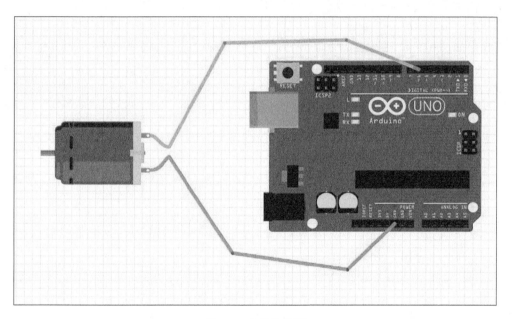

图 6.9　电机接线图

同样，你希望连接信号引脚和 PWM 引脚。但这里只有两个引脚，那电源引脚应该连到哪呢？要连到 PWM 引脚，因为与第 2 章讲的 LED 从 PWM 引脚获取电能一样，这个引脚也能提供电能给电机。

现在我们知道怎么接线了，开始做一个与电机和 Johnny-Five 的 REPL 有关的项目吧。

6.5　创建一个使用电机和 REPL 的项目

参考之前的图，将你的电机和开发板接好线，将引脚 6 作为信号引脚。

在代码里创建一个 Motor 对象并注入到 REPL 中，这样就可以在命令行里继续操作了。创建一个 motor.js 文件并写入如下代码。

```
var five = require('johnny-five');

var board = new five.Board();

board.on('ready', function(){

  var motor = new five.Motor({
    pin: 6
  });

  this.repl.inject({
    motor: motor
  });
});
```

然后，插入开发板使用 motor.js node 来启动项目。

探索电机 API

如果查看 Johnny-Five 网站上的文档，会发现有很多东西可以尝试。首先，先启动我们的电机到一半的速度：

```
> motor.start(125);
```

这个`.start()`方法可以接受 0 到 255 之间的值。听上去很熟悉吧？因为这是可以赋给 PWM 引脚的值！好，继续把电机调到关闭：

```
> motor.stop();
```

注意这个方法在关闭电机的同时也会触发一个`.brake()`方法。但这需要有一个制动引脚，通常驱动板或一定类型的电机会提供。

如果你有个转向电机，你可以通过调用`.reverse()`方法并传入 0 到 255 之间的值来控制转向：

```
> motor.reverse(125);
```

这会让转向电机以半速转向。注意这需要一个驱动板。

了解这些就够了，操作电机不是很复杂而且 Johnny-Five 让它变得更简单了。现在我们已经了解操作方法了，来试试舵机吧。

6.6　创建一个使用舵机和传感器的项目

让我们从一个舵机和 REPL 开始，然后再添加传感器。使用上一节的接线图连接舵机，引脚 6 用于信号引脚。

开始写代码之前，我们先看看 Servo 对象构造函数的一些选项。你可以通过给 range 属性传入[min, max]来设置任何范围。这便于避免当值太高或太低时，质量不好的舵机会产生的问题。

属性 type 也很重要。我们会使用标准舵机，如果你想要使用连续旋转舵机，需要将其设置为 continuous。因为 standard 是默认值，现在不用修改它。

属性 offset 对于校准很重要。如果你的舵机在一个方向上设置得过大，你可以通过改变这个偏移量来确保它程序上可以达到任何一个设置的角度。如果你在值很高或很低时听到了咔咔声，试着调节这个偏移量吧。

你还可以通过 invert 属性调转舵机的方向，或通过 center 属性将舵机初始化为居中。居中舵机可以帮你确认是否需要校准。如果舵机居中后摇臂没有居中，那就试着调节 offset 属性吧。

现在，我们已经了解了构造函数了，开始写代码吧。创建一个文件叫 servo-repl.js 并且输入如下代码。

```javascript
var five = require('johnny-five');

var board = new five.Board();

board.on('ready', function(){

  var servo = new five.Servo({
    pin: 6
  });

  this.repl.inject({
    servo: servo
  });
});
```

这段代码简单地在引脚 6 上构造了一个标准的 `servo` 对象，并将其注入 REPL。

运行这段代码：

```
> node servo-repl.js
```

你的舵机会转到起始点。现在，我们来看看怎么编码让其移动吧。

探索结合 REPL 使用舵机 API

舵机最基本的操作就是让其转到一个特定的角度。我们通过 `.to()` 函数并传入一个角度值来实现，如下所示。

```
> servo.to(90);
```

这会让舵机的位置居中。你还可以给 `.to()` 函数设置一个时间值，表示转动到指定位置希望的时长：

```
> servo.to(20, 500);
```

这会在 500ms 的时间里将舵机从 90° 移到 20°。

你还可以指定舵机达到指定角度需要的步数，如下所示。

```
> servo.to(120, 500, 10);
```

这会在 500ms 内通过 10 步将舵机移到 120°。

函数 `.to()` 很强大，是 `Servo` 对象主要使用的函数。当然，还有很多有用的函数。例如，当你可以快速地看到所有角度时，检查一个舵机是否校准正确就变得很容易。我们可以通过 `.sweep()` 函数做到，如下所示。

```
> servo.sweep();
```

这会让舵机在最大最小值（也就是 0 和 180，除非在构造函数里设置了 range 属性）之间来回摆动。你还可以指定摆动的范围，如下所示。

```
> servo.sweep({ range: [20, 120] });
```

这会让舵机在 20° 和 120° 之间来回摆动。还可以通过 interval 属性设置来回摆动的时间间隔，通过 step 属性设置摆动时需要的步数，如下所示。

```
> servo.sweep({ range: [20, 120], interval: 1000, step: 10 });
```

这会让舵机每秒都通过 10 步在 20° 和 120° 之间摆动一次。

还可以通过 .stop() 方法来停止舵机的移动，如下所示。

```
> servo.stop();
```

 对于连续旋转舵机，你可以使用 .cw() 和 .ccw() 函数并传入 0 到 255 之间的值来使其来回摆动。

现在我们已经了解 Servo 对象 API 了，接下来给舵机接入一个传感器吧。这里，我们使用的是光电管。这里的代码是个很好的例子，因为它展示了 Johnny-Five 事件 API，允许我们通过事件使用舵机，并且通过事件将输入和输出连接起来。

首先，先通过如图 6.10 所示的接线图将光电管接入项目。

然后创建一个 photoresistor-servo.js 文件，添加如下代码。

```
var five = require('johnny-five');
```

```
var board = new five.Board();

board.on('ready', function(){

  var servo = new five.Servo({
    pin: 6
  });

  var photoresistor = new five.Sensor({
    pin: "A0",
    freq: 250

  });

  photoresistor.scale(0, 180).on('change', function(){
    servo.to(this.value);
  });


});
```

工作原理是：这很像之前章节的传感器代码，通过我们告诉舵机的数据事件来移动其到正确的位置，而位置就是通过光敏电阻传来的数据。运行代码：

> node photoresistor-servo.js

然后，试着用灯源照射光敏电阻并且观察舵机移动！

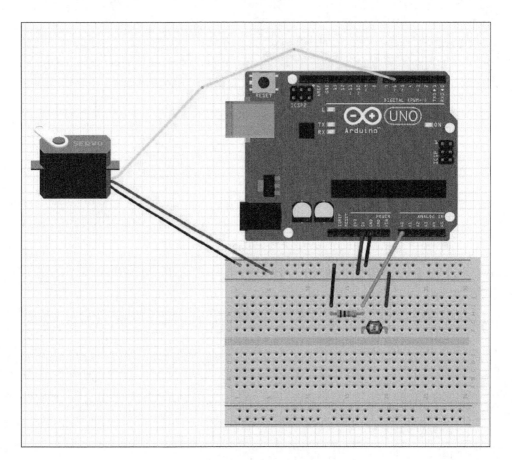

图 6.10   舵机和光敏电阻的接线图

6.7   小结

现在我们知道怎样使用舵机和电机来进行我们的机器人移动项目了。带轮机器人可以出发了！但是更复杂的项目是什么样的呢？比如六足机器人，行走需要计时。像我们在.to()函数中提到的，我们可以控制舵机移动的时间，这都归功于 Animation 库。

下一章里，我们会介绍Animation库并且创建一些项目来按顺序或分组移动一些舵机。

第 7 章
通过 Animation 库进行高级的移动

现在我们已经在机器人项目中完成了基本的移动，接下来要探索一下怎样实现定时的、复杂的移动。开始的时候这看上去很艰巨，持续跟踪一个舵机已经很困难了！幸运的是，Johnny-Five 里的 Animation 库让复杂的移动无论是从理解还是项目都变得简单了很多。在这一章里，我们会探索 Animation 库的优势并开始使用一些舵机动画。

这一章包括以下内容：

- 什么是 Animation API；

- 查看 Animation API；

- 编写舵机动画；

- 动画事件。

7.1 本章需要用到的模块

你需要微控制器，基于兼容性，在这一章里强烈推荐 Arduino Uno。还需要 USB 数据线、一个面包板、一些面包板的连接线和第 4 章里你用到的 LCD。还有三个标准舵机。如果可能的话，最好是相同牌子和型号的舵机，这会比较方便项目使用。

7.2　什么是 Animation API

这一章的题目让我们有很多疑问，Animation API 是什么以及它和舵机的关系是什么？这里用到了很多技术。开始之前，我们先回答一下这些问题并介绍一下 Animation API 的相关开发知识。

7.2.1　为什么需要使用 Animation API

Animation API 是由 Donovan Buck 和 Rick Waldron 在步行机器人的项目中创建的，Rick 造了一个四足机器人，Donovan 造了一个八足机器人。事实证明，开发步行机器人要花费很多时间在舵机的操作上，当时的 Johnny-Five 库只能使舵机以最大速度从一个角度到另一个角度。这让步行变得很困难，因为即使是相同品牌和型号的舵机，最大速度都不是完全相同的。并且，有时候你需要不同的舵机以不同的速度移动，所以 Animation API 出现之前这几乎不可能。

这就导向了开发一个函数可以设置一段移动的速度和完成时间，也就是我们上一章了解到的函数。你还可以设置步数。这当然对开发步行机器人大有帮助，但 API 还有另外一个巨大的优势，这也是名字看起来有点儿奇怪的原因。

7.2.2　为什么要有动画

一个动画就是对于一定时间内的移动的描述。动画会使用关键帧来在给定的时间点设置关键位置。有一些动画库可以计算出关键帧之间的帧，叫作渐变（tweening）。Johnny-Five 的 Animation API 可以给舵机的移动设置关键帧并计算出渐变帧，让你可以从代码级别定义出不同时间的移动，就像动画状态的定义一样。

这对于移动机器人很有用，计算出每个机器人单腿移动到指定点的速度即使对高级程序员来说也很复杂。Animation API 计算渐变的能力意味着我们只用设置关键帧，它会完成余下的工作。这也意味着新手也可以为机器人创建出复杂的移动。

现在我们了解到一些背景知识了，再来大体看看 Animation API 以及描述和交互的各种方式吧。

7.3　查看 Animation API

Animation API 有自己的术语库，如果之前做过动画相关的工作会感觉比较熟悉。还有很多与其交互的方式，我们会在正式编码前先了解一下。

7.3.1　学习术语

Johnny-Five 里每一个舵机动画都由两部分组成：一个目标和一到多个片段。目标是一个舵机或一个舵机数组。在我们第一个项目里，我们会了解一个舵机和一个舵机数组在代码级别的区别。基本来说，Johnny-Five 的 ServoArray 对象可以接收一个逻辑分组和对多个舵机的操作，比如，一条腿就是对一个 ServoArray 对象的合理使用。

一个片段是对动画的一部分的程序性描述。它由一些信息构成：时长、关键点和关键帧。

　　一个关键帧是对一个目标在某一点的位置的描述。一个关键帧没有时间的概念，它是一个瞬时状态的描述。片段中关键帧结合关键点会产生时间的概念。

　　关键点是片段中每个关键帧所在的点。它并不是离散的时间点，而是与片段相关的点，通常由 0 和 1 之间的小数表示，0 表示片段的起始点，1 表示片段的结束点。

　　时长表示这个片段会花费的时间。其他的信息都可以通过时长算出，如给定的关键点上的关键帧之间必要的速度。时长将离散的时间点的概念加到了片段上。

　　为了更好地理解它们是怎么一起工作的，让我们来看一遍片段的描述：我们有一个片段，时长为 2000ms（2s）。关键点为 0、.75 和 1。目标舵机有两个：关键帧 1 让舵机 1 在 0° 上，舵机 2 在 90° 上。关键帧 2 让舵机 1 在 45° 上，舵机 2 在 135° 上。关键帧 3 让舵机 1 在 90° 上，舵机 2 在 180° 上。总结一下就是，一个舵机从 0° 开始，2s 后移动到 90°，同一个 2s 内，另一个舵机从 90° 移动到 180°。

　　图 7.1 直观地描述了这个过程。

　　所以，现在我们已经得到了片段的信息，来看看怎样使用时长和关键点来实现每个关键帧：关键点 0 会在 0ms 时到达，关键点 .75 会在 1500ms 时到达，关键点 1 会在 2000ms 时到达。怎么得到这些的呢？我们可以使用图 7.2 所示的公式计算出一个片段的关键点对应的时间点。

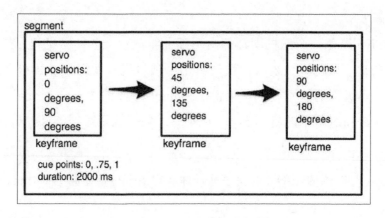

图 7.1　一个动画片段的表示图

关键点对应的时间点＝关键点值×时长

图 7.2　根据关键点计算时间点的公式

所以，对于关键点.75，2000ms×0.75=1500ms。

现在我们将关键点匹配到关键帧上：0ms 时，舵机 1 会在 0°上，舵机 2 会在 90°上。1500ms 时，舵机 1 会在 45°，舵机 2 会在 135°上。2000ms 时，舵机 1 会在 90°上，舵机 2 会在 180°上，如图 7.3 所示。

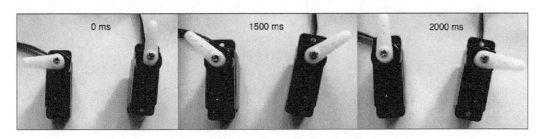

图 7.3　舵机根据片段的移动示意图

所以，总结来说，一个动画由应用到目标上的片段组成。片段由关键帧以及根据片段时长计算出的关键时间点组成。

通过这个例子，你可以了解到 Animation API 的一些强大之处。试着计算 x 毫秒内把舵机从一个角度移动到另一个角度的速度是个困难的任务，对很多有着摇臂或腿的舵机计算速度更是一件混乱的事情。Animation API 为你做了这些事情，让你可以只通过设置片段的关键帧和关键点来完成想要的移动。

7.3.2　函数.to()和 Animation API 的区别

给舵机创建动画的参数可能看着跟 .to() 方法的扩展参数有点儿像。但还是不一样！

当允许舵机以 `nonmax` 速度运行时，duration 参数不是像动画参数一样必需的。参数 `rate` 不会产生关键帧，而是产生了一组离散的动作的总数，并且都是以最大速度移动的。

所以，当使用 `.to()` 函数和时长步数参数时，可能看上去很像创建动画，但你要知道这并不是能完全替代使用 Animation API 编写自己的动画和片段的。

7.3.3   使用 ServoArray 对象

我们已经讨论了 ServoArray 的概念，因为要在这一章的项目里使用，所以再来看看细节。

构造 ServoArray 对象跟构造一个单独的 servo 对象很像，但是，对象被称为 Servos 而不是 Servo，而且你要传入一个引脚的数组，表示你的一组舵机对应的引脚：

```
var myServos = five.Servos([3, 5, 6]);
```

这段代码创建了一组在引脚 3、5 和 6 上的舵机。

对一个舵机数组执行动作操作也和操作一个单独的舵机很像，使用 `.to()` 会按照给定的参数移动整组舵机。例如，如下的代码。

```
myServos.to(120, 500);
```

这会让整组舵机在 500ms 内转到 120°。如果你想单独移动一个舵机，只需要找到它在数组中对应的位置，关联后像移动一个标准的 `Servo` 对象一样移动它：

```
myServos[0].to(90, 200);
```

这会让第一个舵机在 200ms 内转到 90°。

ServoArray 对于创建动画也十分有用，你可以用一个关键帧来关联一组舵机，一次性地给多个舵机编写关键帧和片段，而不用单独地给每一个编写。

现在我们已经了解了 Animation API 的技术和概念，开始构造第一个项目吧。我们将要构造一个包含三个舵机的数组并操纵这组舵机。

7.3.4　项目——接线三个舵机并创建一个数组

首先，你需要接线三个舵机，如图 7.4 所示。

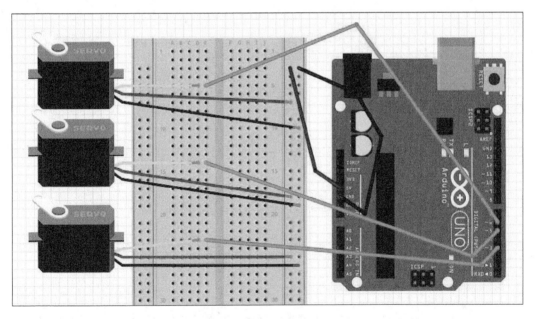

图 7.4　三个舵机的接线图

回想一下之前学到的 Johnny-Five 知识和上一节写的代码，我们来创建一个舵机数组对应刚刚接线的舵机，并注入到 REPL 中，这样我们就可以实时运行代码了。请将如下代码写入 servo-array.js 文件中。

```
var five = require('johnny-five')

var board = new five.Board({
  port: '/dev/cu.usbmodem14131'
})

board.on('ready', function(){
  var myServos = new five.Servos([3,5,6])
  this.repl.inject({
    servos: myServos
  })
})
```

然后运行:

```
> node servo-array.js
```

开始观察吧。过一会儿 REPL 会启动，你的舵机全都会移动到起始位置（默认是90°）。

下面来试试整体移动这一组舵机，让它们整体来回摆动。

```
>servos.sweep()
```

注意:

如果这些舵机摇摆的先后不一，像波浪一样，不要担心，我们现在用了三个舵机，会消耗更多的电流。波浪效果是因为电流不够。对于现在这个例子没问题，但如果想要让多个舵机平滑移动，你可以看看第 6 章讲到的给多个舵机供电的章节。

我们可以用如下代码让舵机停下来。

```
>servos.stop()
```

现在我们来研究一下怎么使用.to()，不仅要看一下它是怎么操作每个舵机的，还要看一下为什么时长和步数不能取代动画。

我们可以通过.to()将所有的舵机移动到同一角度：

```
>servos.to(0)
```

我们可以使用与操作单独舵机同样的参数、时长和步数，如下所示。

```
>servos.to(90, 500, 10)
```

看上去移动得很平滑，是不是？像一个动画操作的效果？是的！但是让我们放慢.to()的速度来看看效果：

```
>servos.to(0)
>servos.to(180, 10000, 20)
```

这是在 10 秒内以 20 步达到 180° 的旋转。注意到不连贯的效果了吗？这是因为它使用的 servoWrite() 而不是写入一个动画片段。

你可以像上一节一样只控制一个舵机。例如，运行下面的代码。

```
>servos[0].to(0);
```

这会移动第一个舵机（引脚 3）到 0°，其他两个不动。

Animation API 里还有很多很棒的选项可供使用，可以让移动更加平滑，还可以支持复杂的移动。让我们来看看 Johnny-Five 里怎样声明和运行动画片段吧。

7.4　编写舵机动画

像我们上一节讨论过的，一个 Johnny-Five 动画被创建后，你可以排列多个片段，它们会以先进先出的顺序执行。我们会从内到外的探索一个动画的创建：首先，我们会学习编写关键帧，然后是片段，最后是 Animation 对象本身。

7.4.1　编写关键帧

编写关键帧是 Animation API 的核心——API 的强大之处就是可以在关键帧之间生成渐变帧。每个关键帧都是一个对象，你要将关键帧数组传入片段。记住：你需要给每一个关键点编写一个关键帧。

一．keyframe 对象

因为每个关键帧都是一个对象，我们可以访问其一些属性，如表 7-1 所示。

表 7-1

关键帧	属性
degrees	degrees 就如其名一样，表示关键帧发生时舵机对应的角度，应该是 0 到 180 的整数
step	step 和 degrees 很像，但与之前的关键帧相关。比如第一帧的 degrees 设置成 135，下一帧的 step 设置成-45，第二帧就会将角度转成 135°-45°=90°
easing	当你创建一个动画片段时，默认在每两个关键帧之间会匀速创建渐变帧。easing 函数会应用到这些渐变帧上并改变速度。这会让动作看上去更平滑或有些特别的效果。easing 可以使你方便地操纵舵机或设备朝着不同方向快速移动

通过使用 Johnny-Five 的 ease-component 模块，还有很多 easing 函数可用。很流

行的一个是 inOutCirc，效果是让所有帧开始的时候速度慢，中间的时候快速增速，结尾的时候再慢下来。读者可以查看 Johnny-Five 的 ease-component 文档获取更多关于 easing 函数的例子，如表 7-2 所示。

表 7-2

关键帧	属性
copyDegrees	copyDegrees 根据已有的值计算出值或根据给定的帧明确地设定值。比如，我们有个两个关键帧：第一个角度设置成 90，第二个 step 设置为 45。如果我们创建第三个关键帧，copyDegrees 设置为 0，它就会复制第一帧的角度 90。如果我们将 index 设置成 1，它就会复制第二帧的 90°+45°=135°
copyFrame	copyFrame 和 copyDegrees 很像，但它会复制给定帧的所有属性，而不是只复制角度，包括 easing 函数等
position	position 是 Johnny-Five 的 Animation API 中一个比较高级的概念，而且比较新。它可以让你通过三元变量表示一个 3D 空间坐标，而且可以将数组里的舵机移到这个点。 想使其工作，只有 Johnny-Five 是不够的，还需要更多的东西。你需要一个 IK（Inverse Kinematic，逆运动学）控制器，比如 Donovan Buck 的 tharp 项目。关于 position 的细节不是此书的探索范围，因为它还在开发中，功能变化性较大。不过，如果你想研究构造一个机器人可以随着你移动，可以去深入探索一下

二．关键帧简写

你可以不通过对象来定义关键帧，如果你将关键帧以一个整数数组的形式传入，每个整数会被解释为一个 step 的值。如下面的数组所示。

```
keyFrames: [0, 90, -45, 90, -90]
```

假设从 0° 开始，这会将舵机在每个关键点移动到 0°、90°、45°、135° 和 45°。

你还可以简单地使用非整数表示特殊的值，如表 7-3 所示。

表 7-3

值	属性
null	当将 null 加入到简易关键帧数组时，它的值由位置决定。如果是第一帧，片段会使用舵机的现有位置作为第一帧。如果是数组的最后一个，则会复制之前帧的值。 然而，如果在两帧之间的某一帧使用，有意思的是：这一关键帧会被忽略，渐变帧会在 null 值之前和之后的关键帧之间生成。如果你想让两个关键帧之间的时间更长一些，可以使用这个方式
false	在关键帧数组的任意位置使用 false，会复制之前的最后一个已知值。这样就不会在两个关键帧之间移动舵机

所以，总结来说，在片段的定义里可以使用关键帧对象、数字、null 或 false 来表示一个关键帧。现在我们来探索一下关键帧对象的属性，写一些特定情况下的关键帧吧。

三．编写关键帧的例子

来看一些关键帧的例子。

例子 1：编写一组关键帧让一个舵机从当前的状态开始，以 inOutCirc 的缓动效果移动到 90°，然后不设置任何缓动效果的移动到 45°。

1. 第一个关键帧可以使用 null 值：

```
var myFrames = [null];
```

2. 第二个需要一个关键帧对象，因为需要设置 easing 函数：

```
var myFrames = [null, { degrees: 90, easing: 'inOutCirc' }];
```

3. 最后一个可以是一个关键帧对象：

```
var myFrames = [null, { degrees: 90, easing: 'inOutCirc' }, { step: -45 }];
```

然而，也可以用简写，传入一个数字可以让关键帧将这个数字用于 step 值：

```
var myFrames = [null, {degrees: 90, easing: 'inOutCirc'}, -45];
```

不过这两种方式都可以，想用哪种完全取决于你。

例子 2：编写一组关键帧让舵机从 0°开始，移动到 90°，再用两个关键点的时间移动到 180°，然后移动到 135°。

1．第一个和第二个关键帧可以通过关键帧对象设置，如下所示：

```
var myFrames = [{degrees: 0}, {degrees: 90}];
```

2．第二个关键帧也可以用简写，如下所示：

```
var myFrames = [{degrees: 0}, 90];
```

我们知道，第一个关键帧会将舵机角度设置成 0，所以我们后面可以用 step 来代替 degrees。下一步，我们希望舵机用两个关键点的时间转到 180°。我们可以计算如何用标准的关键帧实现，也可以用简写 null 来告诉片段跳过这个关键点，在两个关键点的 90°到 180°之间添加渐变帧：

```
var myFrames = [{degrees: 0}, 90, null, {degrees: 180}]
```

现在，你已经学到了如何编写关键帧数组和对象，再来看看编写 Animation 对象的其他部分吧。

7.4.2　编写片段

我们知道片段由一个关键帧数组、一个关键点数组、一个时长和一些设置选项组成。让我们看看每个片段可用的设置选项，准备好为下一个项目编写一些片段。

一．片段选项

表 7-4 是片段的设置选项和它们的属性。

表 7-4

片段选项	属性
target	你可以在片段中使用它来覆盖片段的 target。它通常由动画指定，所以在片段里的设置会覆盖动画的设置
easing	就像关键帧一样，你可以为整个片段设置 easing 函数。注意缓动函数栈，如果你在关键帧和片段上使用缓动函数，渐变帧会先用关键帧的缓动效果计算，然后才是片段的缓动效果
loop	这是一个布尔值，true 表示当被加入到队列中后这个片段会循环，直到被排队的动画停止
loopBack	如果你希望片段的循环能回到某个点，而不是第一个关键点，你可以通过指定关键帧的序列号来实现。例如，如果一个片段有关键点[0, .25, .75, 1]，并且你设置了 loopBack 为 1，片段会只循环[.25, .75, 1]
metronomic	这是布尔值，如果设置为 true，片段会从第一个关键点运转到最后一个，然后倒着运转回第一个。你可以将这个与 loop 选项组合使用，但是默认是不循环的
progress	这个属性可以用于得到一个运行的片段的信息（之后的项目会见到）或设置信息。如果你想从一个不同的点开始，你可以设置当前动画的运行位置。这是个 0 到 1 之间的值，像关键点一样
currentSpeed	和 progress 很像，可以被用于得到信息和设置。默认值是 1.0，它会改变片段运行时的速度
fps	这个选项设置了片段每秒可以运行的最大帧数。默认值是 60。改变一个片段的最大 fps 并不会改变速度和关键点

二．一个片段含有多个舵机

通常，你会同时操作多个舵机。怎样处理多个舵机的关键帧呢？通过传入一个数组的数组，数组里的每个数组对应舵机数组中的对应项。例如，下面的片段含有两个舵机对应的关键帧。

```
var myMultiServoSegment = {
  duration: 2000,
  cuePoints: [0, .5, 1],
  keyFrames: [
    [{degrees: 135}, -45, -45],
    [{degrees: 45}, 45, 45}
  ]
}
```

三．编写片段的例子

让我们看一些编写片段的例子。

例子 1：编写一个从 0 到 180 再回到 0 的摇摆片段。缓动效果是 inOutCirc 并循环摇摆。时长为 5s，尽可能地少用关键帧。

现在，我们可以编写从 0 到 180 再回到 0 的关键帧，或使用 metronomic 选项来实现。使用 metronomic 方法也意味着我们只需要两个关键帧和两个关键点——0 和 1！我们还需要 easing 选项和 loop 选项。下面是样例代码。

```
var sweepingSegment = {
  duration: 5000,
  metronomic: true,
  loop: true,
  easing: 'inOutCirc',
  cuePoints: [0, 1],
  keyFrames: [{degrees: 0}, {degrees: 180}]
}
```

例子 2：编写一个只运行一次的片段。这个片段含有对两个舵机的指令。舵机 1 从当前位置开始，1s 后增加 45°，2s 后减少 30°，最后一秒后增加 15°。舵机 2 在时长内简单的从 20°转到 120°，并且缓动效果为 inOutCirc，中间全部用渐变帧填充。片段时长为 4s。

我们会使用相对位置，所以使用关键帧简写会很方便。我们需要在 0/4、1/4、3/4 和 4/4 设置不相等的关键点，也就是 .25、.75 和 1。记住，在一个关键帧简写里，null 作为第一个值表示使用舵机的当前位置，null 在第一个之后表示跳过关键点并重新计算渐变帧！

记住这些，然后代码如下所示。

```
var mySegment = {
  duration: 4000,
  cuePoints: [0, .25, .75, 1] ,
  keyFrames: [
    [null, 45, -30, 15],
    [{degrees: 20}, null, null, {degrees: 120}]
  ]
}
```

这就是 Animation API 的强大之处，我们可以用对象描述复杂的动作并计算出来结果。

现在我们知道怎样编写关键帧和片段了，再来看看编写 Animation 对象并使用它们运行片段。

7.4.3　Animation 对象

我习惯把 Animation 对象想象成 MP3 播放器。你导入歌曲，可以单击播放、暂停或停止。同理，你把片段以任意顺序排列入一个动画，然后你可以在任何时间播放、暂停或停止这个动画。

　　我们来快速看一下构造函数：它只接受一个参数，即目标对象。像我们之前提到的，目标对象可以是一个舵机或一个舵机数组。所以，来看一个样例程序吧，这个程序构造了一个舵机数组并据此构造了一个 Animation 对象：

```
var five = require('johnny-five')


var board = new five.Board()


board.on('ready', function(){
  var servos = new five.Servos([3, 5, 6])
  var animation = new five.Animation(servos)
})
```

　　一旦我们创建了 Animation 对象，下一个重要的函数是 .enqueue()。你将一个片段传入这个函数并添加到动画队列中。动画运行的顺序是先进先出，代码如下。

```
var five = require('johnny-five')


var board = new five.Board()


board.on('ready', function(){
  var servos = new five.Servos([3, 5, 6])
  var animation = new five.Animation(servos)

  var mySegment = {
    easing: 'inOutCirc',
    duration: 3000,
    cuePoints: [0, .25, .75, 1],
    keyframes: [{degrees: 45}, 45, 45, -45]
  }
```

```
animation.enqueue(mySegment)
})
```

这就是全部了，片段一旦添加到队列中，动画马上就会开始执行！让我们仔细看看 Animation 对象可以使用的函数吧，如表 7-5 所示。

表 7-5

函数	属性
.enqueue()	.enqueue()会放置一个片段在动画队列中。当动画开始时，片段会按照先进先出的顺序执行
.play()	.play()启动动画，从队列中第一个没有执行过的片段开始。如果动画被暂停了，它就会继续执行被暂停的片段
.pause()	.pause()会让动画停止，但是保存着片段运行的进度，并维护着片段队列
.stop()	.stop()会清空片段队列并停止所有动画
.next()	.next()清除当前片段，开始下一个。然而，动画不会在片段运行结束时自动调用它，通常用户也不会调用
.speed([speed])	.speed()可以用于查看（当没有参数传入时）或设置（当有数字作为加速值传入时）当前动画的速度

现在我们知道动画大概怎样工作了，来构造一个含有三个舵机的项目吧。让动画动起来！

7.4.4　项目——让一组舵机动起来

你应该还有上一个项目中的舵机数组。让它们动起来吧！我们会使用 REPL 实时更改动画片段并使用一些 Animation API 的强大功能。

　　我们先用下面的代码初始化开发板，构建舵机数组，创建一个动画和一个片段，并将它们加入到 REPL 中。将如下代码写入 animation-project.js。

```
var five = require('johnny-five')

var board = new five.Board()

board.on('ready', function(){
  var servos = new five.Servos([3, 5, 6])
  var animation = new five.Animation(servos)

  var mySegment = {
    easing: 'inOutCirc',
    duration: 3000,
    cuePoints: [0, .25, .75, 1],
    keyFrames: [
      [{degrees: 45}, 45, 45, -45],
      [{degrees: 30}, 30, 30, 30],
      [{degrees: 20}, 40, 40, 40]
    ]
  }

  this.repl.inject({
    animation,
    mySegment
  })
```

```
    animation.enqueue(mySegment)
})
```

继续运行如下命令。

node animation-project.js

你的舵机组动起来了，并且开始运行片段了（我们在代码最后一行将它排入队列了）。一旦运行结束，我们来加入循环效果。在 REPL 里运行如下代码。

>mySegment.loop = true

>animation.enqueue(mySegment)

这个片段会开始循环运行。想让它运行得慢一些吗？可以通过 Animation 对象的 speed() 函数来改变速度：

>animation.speed(.5)

这会把速度降到原来的一半。继续执行停止动画，清除队列：

>animation.stop()

再来看看如果使用 easing 函数让片段 metronomic，会有什么效果。运行如下代码。

>mySegment.easing = 'inOutCirc'

>mySegment.metronomic = true

>animation.enqueue(mySegment)

这个片段现在摇摆循环得更加流畅了！

这很酷，但是如果我们想让动画接连运行应该怎么办呢？我们可以使用一系列时长和计时器，或者我们可以继续研究 Johnny-Five 的事件系统，它是 Animation API 的扩展。下面我们来看看怎么通过事件来创建定时的动画。

7.5　动画事件

很多移动需要等待一个片段完成后再开始，而且有些片段只在一定的时间点才运行。处理计时和消息传递系统最好的方法就是使用 Johnny-Five 的 animation 事件。

我们通过对片段的特殊属性传递回调函数来使用事件。让我们看一下每个事件的细节及其触发时机，如表 7-6 所示。

为了理解事件是怎样运作的以及使用场景，我们来开始构建最后一个项目：取出第 4 章用到的 LCD 还有之前章节准备好的舵机数组，开始吧。

表 7-6

事件	细节
onstart	当动画的片段开始运行时会触发 onstart 回调函数
onstop	只有当片段还在队列中或者正在运行时动画通过 animation.stop() 被停止了，才会触发 onstop 回调函数
onpause	只有当片段还在队列中或者运行在被 animation.pause() 暂停的动画中时，才会触发 onpause 回调函数
oncomplete	当动画中的片段完整地运行完时会触发 oncomplete 回调函数。注意：这对循环的片段不生效。详情见 onloop 回调函数
onloop	当一个片段是循环执行的，除了第一次，每次开始的时候都会触发 onloop 回调函数

构建一个舵机数组并通过 LCD 输出有用信息

参照图 7.5 所示构造你的项目，第一张图用于 I2C LCD 显示。

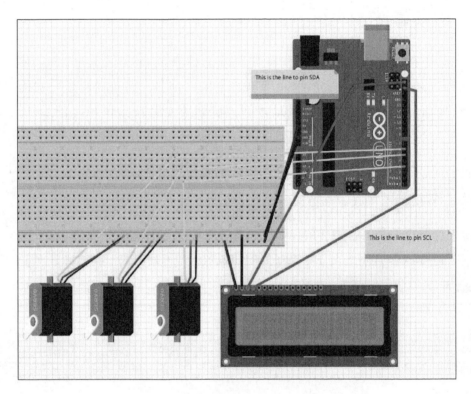

图 7.5　事件项目接线图——I2C LCD

图 7.6 用于标准 LCD 显示。

一旦接线完毕，你会注意到我们可以修改代码最后的部分，引入 LCD 并为每个事件创建函数。先加入下面的功能到片段中：一个用于打印每个事件类型到 LCD 回调函数，输出内容为"segment [event name]!"。

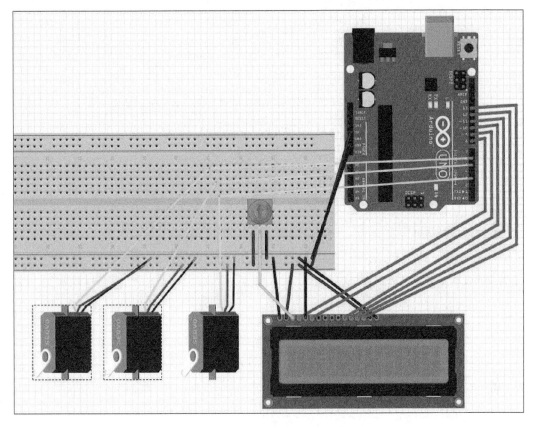

图 7.6　事件项目接线图——标准 LCD

当你添加 LCD 代码和事件回调函数时，你的代码会如下所示。我们来创建一个新的文件叫 animation-events.js。

```
var five = require('johnny-five')


var board = new five.Board()
board.on('ready', function(){
  var servos = new five.Servos([3, 5, 6])
  var animation = new five.Animation(servos)
```

```
//For I2CLCDs, uncomment these lines:
// var lcd = new five.LCD({
//   controller: 'PCF8574A'
// })
//NOTE: for standard LCDs, uncomment these lines:
// var lcd = new five.LCD({
  // pins: [8, 9, 10, 11, 12, 13]
// })


var mySegment = {
  easing: 'inOutCirc',
  duration: 3000,
  cuePoints: [0, .25, .75, 1],
  keyFrames: [
    [{degrees: 45}, 45, 45, -45],
    [{degrees: 30}, 30, 30, 30],
    [{degrees: 20}, 40, 40, 40]
  ],
  onstart: function(){
    lcd.clear()
    lcd.print('Segment started!')
  },
onpause: function(){
  lcd.clear()
  lcd.print('Segment paused!')
},
onstop: function(){
  lcd.clear()
```

```
    lcd.print('Segment stopped!')
  },
  onloop: function(){
    lcd.clear()
    lcd.print('Segment looped!')
  },
  oncomplete: function(){
    lcd.clear()
    lcd.print('Segment completed!')
  }
}
this.repl.inject({
  lcd,
  animation,
  mySegment
  })


  animation.enqueue(mySegment)
})
```

试试效果吧！继续运行下面的命令。

```
node events-project.js
```

项目一启动你就能看到“**Segment started!**”，这是因为片段已经被加入到队列中。一旦运行结束，你会看到“**Segment complete!**”。

继续来测试 onloop、onpause 和 onstop，让我们先把片段修改为循环运行并且排入队列：

```
>mySegment.loop = true
>animation.enqueue(mySegment)
```

你会看到 start 事件，然后等它运行一会儿，会显示 "Segment looped!"。

现在我们来暂停一下看看 pause 事件：

```
>animation.pause()
```

你应该会看到 **"Segment paused!"**。继续运行，然后停止看一下 onstop 事件：

```
>animation.play()
>animation.stop()
```

你会看到 **"Segment stopped!"**。

7.6　小结

现在你几乎了解了 Animation API 应用于舵机的移动的所有知识了。Animation API 还有更多的功能用于其他设备，比如 LED 灯，所以请关注 johnny-five.io 获取更多信息！

下一章，我们会了解一下为 Johnny-Five 项目添加更多其他设备，比如其他 USB 设备以及复杂的组件。

第 8 章
高级模块——SPI、I2C 和其他设备

现在我们已经了解了很多不同类型的设备了，包括输入设备、输出设备和移动设备。这章会探究这些设备怎样根据不同的原因用不同的方式实现。我们会看一下 I2C 和 SPI 协议以及它们与 Johnny-Five 一起使用中的优势和劣势。还会看一下怎样在 Johnny-Five 中添加你自己的模块，这也能让我们了解这些设备的工作原理，以及怎样可以为 Johnny-Five 的开发贡献代码。

这一章包括以下内容：

● 为什么我们需要 I2C 和 SPI 协议；

● SPI 设备；

● I2C 设备；

● 外部设备。

8.1 本章需要用到的模块

你需要微控制器、一根 USB 数据线和计算机。还需要一个 ADXL345I2C 加速器，

例如 Adafruit 的产品号 1231、SparkFun 的产品号 SEN-09836 和一个 SparkFun LED 矩阵包——产品号为 DEV-11861。还需要第 4 章用到的 LCD 显示屏。最后，你会需要用到一个 USB 游戏手柄，笔者推荐 N64RetroLink 控制器，在 Amazon 上大概售价为 15 美元。但是如果你已经有一个空闲的 PS3DualShock 3 控制器，我也会提供它的说明的。

8.2　为什么我们需要 I2C 和 SPI 协议

感觉开始复杂了是不是？为什么要这么麻烦呢？我们已经有数字引脚和模拟引脚了，从它们读取数据不就够了吗？

当你离开了 LED 灯的领域后，这是不够的。想一想当你阅读这页（或屏幕）时，有多少信息转化为内容！无数字节的信息。很多用于 Johnny-Five 应用的外围设备都是这样的。

例如，我们将要使用的加速器，没有 I2C 协议，它就要使用三个模拟引脚。这是 Arduino Uno 上主要的模拟引脚了，而很多平台根本没有模拟引脚！更不要说我们第 4 章用到的 LCD 了，没有 I2C，我们要正确地接线十一个不同的引脚，其中六个是单独的数据引脚。

数据收发的复杂性也是一个问题。有的传感器发回的数据不匹配模拟引脚可以接受的 0～1024。有些输出设备（比如 LCD 显示屏）需要大量的数据。这些设备都需要这些协议来高效地传输接收需要的数据。

I2C 和 SPI 协议让我们为小项目解锁了整个全新的数据维度，更多的设备可以使用更少的引脚。

首先，我们来看看 SPI 协议，这个协议让我们可以简单地传输大量的数据。

8.3　探索 SPI 设备

串行外围接口（Serial Peripheral Interface，SPI）是 Johnny-Five 里一些设备（通常是机器人）使用的协议。它来自于对典型的串行连接（现在在玩具机器人里不太常见了）的回应，这些连接本质上是异步的。但会导致很大的开销，所以开发 SPI 的目的是确保数据能够高效地收发。

注意我们这里讨论的是当前情况下的同步/异步，而不是在讨论 JavaScript 里的实现。你还是可以围绕 SPI 方法写异步 JavaScript 函数。

8.3.1　SPI 的工作原理

在典型串行连接中，会有根线来自数据输出的地方（TX），还有根线走向数据输入的地方（RX），这让传输变得很困难。接收端如何知道发送端发送数据的频率和时间点呢？当前情况下当我们说异步时，指的是缺少同步时钟，发送端和接收端只是尽可能快地发送数据，假设接收端知道怎样读取。

下面来看一下 SPI 的功能点。

- SPI 使用单独的引脚来建立统一时钟，在接收端和发送端之间同步。每当一比特发送时，时钟在 HIGH 和 LOW 状态之间切换，告诉接收端一块新的消息正在被读取。

- SPI 还将通信信号线分为 MOSI（Master Out Slave In，串行数据输出信号线）和 MISO（Master In Slave Out，串行数据输入信号线）。之后会用缩写来称呼它们，但出于我们的目标，我会使用微控制器和设备，因为它们在当前环境下工作得更好。

- MOSI 引脚是用来从微控制器向设备发送数据的信号线，作为我们的输出。MISO 是用来从设备发送数据到微控制器的信号线，适合于传感器和其他输入需求。注意如果一个设备没有任何需求传输数据到微控制器（比如 LED 矩阵模块），就可以留空 MOSI 引脚，用"data"类的字样标记 MISO 引脚。

- 最后，SPI 设备通常有一个 CS 或 SS 引脚（Chip Select 或 Slave Select），用来搭建一个微控制器使用多个设备的情况。这个引脚会在 HIGH 和 LOW 之间切换使微控制器告诉设备它在发送数据。如果你切换你正在读取或写入的设备的 CS 引脚，其他设备会忽略这条数据。

来概括一下，你平均需要四个引脚：一个用来同步时钟（通常标记为 SCLK），一个用来从微控制器向设备发送数据，一个用来从设备向微控制器发送数据，一个用于芯片选型，如图 8.1 所示。

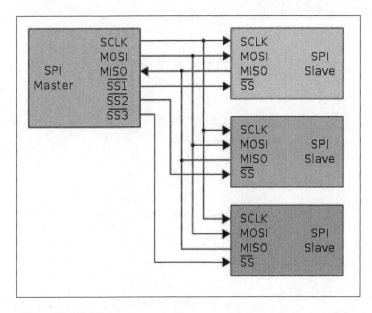

图 8.1　SPI 图解（图片来源：https://en.wikipedia.org/wiki/Serial_Peripheral_Interface_Bus）

注意在很多只有一个 SPI 设备的安装中，接线图会显示 CS 引脚接线到 5V。这也可以，你只是永久地将 CS 设置成了 HIGH，告诉设备一直要监听或发送数据。

8.3.2　Johnny-Five 是怎样实现 SPI 的

幸运的是，我们不必自己处理计时和比特切换，Johnny-Five 的 API 可以帮助我们很方便地处理 SPI 连接。Board 对象上已有这些方法，并且通常由组件库来访问，你不会经常接触到它们，除非你要实现自己的 SPI 设备！

这个方法处理向设备发送数据，并且也是用于 LED 矩阵模块的方法。`Board.shiftOut (dataPin, clockPin, data)`方法使用 `clockPin` 作为时钟，通过 `dataPin` 引脚发出数据字节。

所以根据我们现在对 SPI 的了解，可以知道 Johnny-Five 为我们做了以下这些事情。

1．设置时钟、数据和 CS 引脚到 `OUTPUT` 模式。

2．发送针对于我们设备的启动指令（在我们的 LED 矩阵模块里，亮度和刷新率是两个例子）。

3．等待数据由我们的程序发出。

4．将 CS 引脚设置成 LOW 来通知我们的设备正在向其发送数据。

5．写入数据并同步时钟和数据指针。

6．将 CS 引脚设置回 HIGH 来告之我们已经发送数据完毕。

8.3.3 SPI 的优缺点

SPI 的优点主要是速度和易于使用，从 SPI 设备读写数据都很容易，因为它们统一计时，不需要其他的比特或模式来通知设备数据的起始和结束。

缺点是需要大量的引脚，串行连接只需要两个引脚，而 SPI 需要四个，其中只有一个可以和多个 SPI 设备共享。你的 SPI 设备可以都共享一个时钟引脚，但是都需要自己的 MISO、MOSI 和 CS 引脚。引脚使用量会增加得很快。

幸运的是，Johnny-Five 对很多平台都有 SPI 支持，尤其是大部分的 Arduino 微控制器。接下来，我们看看用 SPI 设备（LED 矩阵模块）构造一个项目！

8.3.4 使用 SPI 设备（一个 LED 矩阵模块）构建项目

对于我们的第一个项目，会使用一个 SPI 设备、Arduino 和 Johnny-Five。我们使用的是一个 LED 矩阵模块。这是包含很多单色、双色和三色 LED 灯的矩阵模块，它们将作为一组来控制。

你可以在这里看到 SPI 的优点，用引脚控制每个 LED 灯，单色矩阵模块会需要 64 个引脚！双色和三色会需要 128 个和 192 个！SPI 让我们可以用两个引脚来控制真的很方便。

8.3.5 构建

拿起你的 LED 矩阵模块开始接线吧！以防你的 LED 矩阵模块不一样，引脚的对应关系是：引脚 2 连接 DIN 或 DATA，引脚 3 连接 CSLK、CLK 或时钟，引脚 4 连接 CS，如图 8.2 所示。

　　注意图中的组件有一个额外的引脚，忽略它！你的组件应该只有五个引脚，而且引脚应该标记得很清楚。

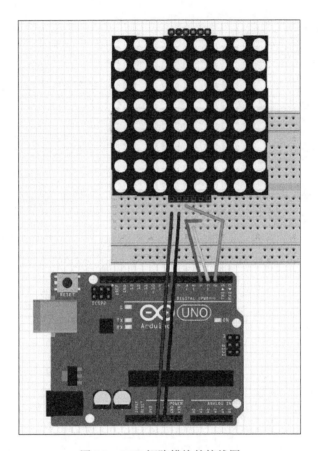

图 8.2　LED 矩阵模块的接线图

8.3.6　API

　　Johnny-Five 的 LED 矩阵模块 API 让我们有很多方法可以在这个设备上尝试。在真正编码之前，让我们先在表 8-1 中看看构造函数和一些方法。

 注意在 API 中，很多函数接收一个可选的 index，这是因为你可以连接多个 LED 矩阵模块，这个可选参数让你可以指定到某一个。我们这里不会使用它，因为只有一个设备。

还有一些函数可以一次操作多个 LED 绘制，但是我们需要先说一下怎样传递要绘制的数据到 LED 矩阵模块。

表 8-1

方法	属性
.on([index])	如果没有传入 index，这个方法会打开所有的矩阵模块。如果传入了 index，只会打开 index 对应的那个
.off([index])	如果没有传入 index，这个方法会关闭所有的矩阵模块。如果传入了 index，只会关闭 index 对应的那个。注意当矩阵模块被关闭时，数据还保存着当再被打开时会继续显示，这可以用于依靠电池运行项目的节电功能
.clear([index])	如果没有传入 index，这个方法会清空所有矩阵模块。如果传入了 index，只会清空 index 对应的那个。它会清除所有的数据并关闭矩阵模块上所有的 LED 灯
.brightness([index], brightness)	如果没有传入 index，这个方法会将所有矩阵模块的亮度设置成传入的值（0-100）。如果传入了 index，只会设置 index 对应的那个的亮度值
.led([index], row, col, state)	如果没有传入 index，这个方法会将所有矩阵模块的坐标（row, col）位置的点状态设置成（1 对应 ON，0 对应 OFF）。如果传入了 index，只会设置 index 对应的那个矩阵模块

一．为 LED 矩阵格式化数据

像你之前看到的 .led() 函数一样，1 会将 LED 设置成 ON，0 会设置成 OFF。这很像二进制是不是？这是因为我们就是通过一系列的二进制比特值来向 LED 矩阵模块传送数据的。

所以，例如，你可以发送一个 8×8 的图片到 LED 矩阵模块，通过一个字符串数组来表示每一行的二进制数值：

```
var checkerboard = [
  "01010101",
  "10101010",
  "01010101",
  "10101010",
  "01010101",
  "10101010",
  "01010101",
  "10101010"
];
```

当然，这很麻烦。你还可以发送一组 16 进制的两位数的值来表示每一行，第一行二进制的表示是 0b01010101，转换后为 0x55，第二行二进制表示是 10101010，转换后是 0xAA：

```
var checkerboardHex = [0x55, 0xAA, 0x55, 0xAA, 0x55, 0xAA, 0x55, 0xAA];
```

记住这些，在我们调用绘制函数时会用到。

二．绘制函数

下面来看一些绘制函数吧，如表 8-2 所示。

表 8-2

函数	属性
.row([index], row, value)	如果没有传入 index，这个方法会将所有矩阵模块的指定行 row 的 LED 设置为 value，value 会是一个 8 位或 16 位的值（十进制里的 0～255）。如果传入了 index，只会设置 index 对应的那个矩阵模块

函数	属性
.column([index], col, value)	如果没有传入 index，这个方法会将所有矩阵模块的指定行 row 的 LED 设置为 value，value 会是一个 8 位或 16 位的值（十进制里的 0～255）。如果传入了 index，只会设置 index 对应的那个矩阵模块
.draw([index], character)	如果没有传入 index，这个方法会在所有矩阵模块上绘制一个指定字符。 如果传入了 index，只会绘制 index 对应的那个矩阵模块

所以，.row()和.column()函数需要一个十六进制的值，比如，.row(0, 0xFF)将所有矩阵模块的第一行 LED 全都设置成 ON。

.draw 可以接收一些字符作为合法输入。我们已经在之前的例子里展示了一些了：二进制值字符串和十六进制值的行数组。但是幸运的是，库里已经有一些实现好的字符了。Johnny-Five 为 LED 矩阵模块预定义的字符如下所示。

● 0 1 2 3 4 5 6 7 8 9...

● ! " # $ % & ' ( ) * + , - . / :; < = > ? @

● A B C D E F G H I J K L M N O P Q R S T U V W X Y Z [\ ] ^ _ `

● a b c d e f g h i j k l m n o p q r s t u v w x y z { | } ~

你可以传递一个包含以上字符的字符串作为你的值，例如：

```
myMatrix.draw('~');
myMatrix.draw('A');
```

这让我们可以很方便地在 LED 矩阵模块上显示文字和数字。

现在我们已经探索完 API 了，开始写一些代码来加载一个我们定义的字符吧，然后再将矩阵模块和另一个定义的字符注入到 REPL 中以便我们可以实时看到效果！

三. 代码

将下面的代码写入 led.matrix.js 中。

```
var five = require("johnny-five");
var board = new five.Board();


board.on("ready", function() {

  // our first defined character-- using string maps
  var checkerboard1 = [
    "01010101",
    "10101010",
    "01010101",
    "10101010",
    "01010101",
    "10101010",
    "01010101",
    "10101010"
  ];


  //our second defined character-- using hex values
  var checkerboard2 = [ 0xAA, 0x55, 0xAA, 0x55, 0xAA, 0x55, 0xAA,
  0x55];


  var matrix = new five.Led.Matrix({
  pins: {
  data: 2,
```

```
      clock: 3,
      cs: 4
       }
    });


    matrix.on();
    matrix.draw(checkerboard1); //draw our first character


    this.repl.inject({
      matrix: matrix,
      check1: checkerboard1,
      check2 : checkerboard2
    });
  });
```

一旦写好代码，就运行一下：

node led-matrix.js

之后的几秒里，你的 LED 矩阵模块会亮起，如图 8.3 所示，像跳棋棋盘一样。
现在该加入 REPL 了，尝试如下命令。

matrix.draw(check2);

然后观察改变，你还可以清空矩阵：

matrix.clear()

绘制一个预定义的字符：

```
matrix.draw('J');
```

再次清空，试一下.led 和.row 函数：

```
matrix.clear();
matrix.led(3, 3, 1)
matrix.row(1, 0xA1);
```

图 8.3　勾选框字符的矩阵样例

　　现在你应该很好地掌握了 LED 矩阵模块和利用 Johnny-Five 使用 SPI 设备！我们也讨论了 SPI 通信的优缺点，并了解了为什么串行连接产生了一些消耗。现在我们要来看看 I2C 了，这个协议吸取了 SPI 和串行的优点，并将它们组合起来。

8.4　探索 I2C 设备

第 4 章里，我们用到过 I2C 设备，在 I2C LCD 上显示过一些数据。你可能发现了 I2C LCD 接线很简单，拥有和非 I2C LCD 一样的 API。幸运的是，这是因为 Johnny-Five 致力于让每个组件的 API 尽量简单，不管实现或协议是怎样的。但是 I2C 是怎样工作的？为什么称之为很有用的协议呢？

8.4.1　I2C 的工作原理

I2C 是 Inter-Integrated Circuit（内置集成电路）的缩写，是一个用于输入/输出组件与微控制器通信的协议。它十分标准化，几乎所有的 I2C 设备都以同样的方式运行。I2C 还有个很大的优点是被大部分主流的微处理器制造商（包括 Arduino）认可和实现。任何与 Johnny-Five 兼容的 Arduino 平台都与 I2C 设备兼容。

然而，在 Johnny-Five 里实现一个 I2C 设备还是件棘手的事情。想理解原因，我们需要更好地理解一下 I2C 的工作原理。

I2C 集合了 SPI 和串行通信好的地方。它只有两个引脚，分别用于数据和时钟，但还有个系统设置的同步时钟。

一．I2C 使用的引脚

I2C 设备除了电源需求外使用两个引脚：SDA 是数据线，SCL 是时钟线。这两个引脚组成了数据总线，可以一次用在多个设备上。

这也是它很像 SPI 的地方，两个引脚互相驱动。发送指令时，SCL 引脚切换值，告诉总线有一比特的数据准备好了，同时切换 SDA 比特值到要发送的值上。这可以使程序和微控制器动态地控制时钟，可以传输精确的数据并保持很低的出错率。然而，我们自己实现这个行为还是挺困难的。

每次数据发送到 I2C，一个地址作为第一个字节发送出去。这个地址指向我们的微处理器对应的设备。

幸运的是，我们不需要自己实现这个行为，Johnny-Five 和底层的 Firmata 系统已经为我们实现了。然而，你需要理解怎样从设备读写，否则，你会发现连启动一个设备都很困难！

二．I2C 设备是怎样发送和接收数据的

每个 I2C 设备有一个地址，通常以十六进制格式存在。例如，这一章使用的加速器的地址是 0x53（对不熟悉十六进制的读者解释一下，0x 表示数字是十六进制的格式）。这对于微控制器 I2C 总线控制很多设备时很有用，这个地址告诉总线上的设备哪个设备正在读写。下面就是一个地址的使用例子。

数据通过从 I2C 设备的寄存器上写入和读取来达到发送和接收的效果。每次我们想要在 I2C 设备上写或读，都需要发送地址（这样总线上的设备才会知道你的目标设备）和想要读写的寄存器。如果我们想写数据，还要发送想要写入的字节。

8.4.2　I2C 的优势和劣势

在 Johnny-Five 中使用 I2C 肯定有优势和劣势，它们会影响你的微处理器构建或选择。

一．优势

先来看一下 I2C 设备的优势。

1. 优势之一就是你可以只用两个数据引脚（SDA 和 SCL）来使用多个设备。因为这个构建于总线上，所以你使用多个设备完全没有问题。

2．另一个 I2C 设备的优势是它们符合标准，实现这些标准基本上就是遵从于一个易于遵守的公式，不像其他设备标准很不固定（或没有标准）。

3．最后，有很多 I2C 设备转接板使用了很多不同的数据引脚，比如我们之前用到的 LED。这些主按键板可以使设备以很少的引脚对微控制器可用。Johnny-Five 甚至已经完成了一些使用 I2C 扩展板的工作，这可以使没有模拟输入或 PWM 引脚的设备使用需要这些引脚的设备。这叫作 Expander API，更多信息可以在 `johnny-five.io` 里查阅。

二．劣势

再来看一下使用 I2C 设备的劣势。

1．一个主要的劣势就是在 Johnny-Five 里使用 I2C 并不是所有可以运行 Johnny-Five 的平台都支持。请在将 I2C 用于你的设备之前在 johnny-five.io 的 Platform Support 部分检查一下。

2．实现新的 I2C 设备的另外一个劣势是计时可能是个问题，I2C 本质上是很同步的，它需要一定的指令以一定的顺序在一定的延迟下发出。Johnny-Five 和 JavaScript 包装这些概念不是很容易，而且可能引发一些有意思的竞态条件和错误。然而，这些问题只会在实现你自己的 I2C 设备时才会发生。

8.4.3 使用 I2C 设备（加速器）构建项目

用 I2C 组件构造一个 Johnny-Five 项目听上去有些麻烦，幸运的是，因为 Johnny-Five 的实现，它实际上几乎跟本书中我们构造的其他项目一样简单。在这个项目里，你会需要微控制器、面包板和一些连接线，还有 ADXL345 加速器。

一．连线加速器

先按照图 8.4 接线。确定你只使用了加速器上的 I2C 引脚和电源引脚。并且确定尽可能多地使用跨接线，因为你已经可以稍微移动你的面包板和加速器来测试这个项目了。

最后要注意的是：如果使用 SparkFunADXL345 开发板，你会需要接线 CS（Chip Select，芯片选择）引脚到 VCC，如图 8.5 所示。

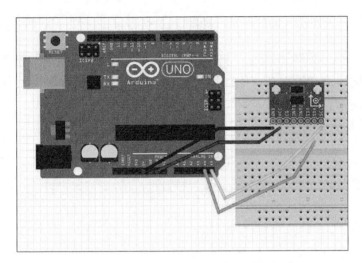

图 8.4　为 NON-R3 Arduino Uno 接线加速器的接线图

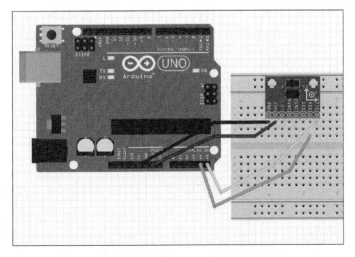

图 8.5　SparkFun 转接板接线图

如果是 AdafruitADXL345 开发板则不需要这一步。

一旦你接线好加速器，就该写代码来测试是否一切运转正常了。我们会再次使用 barcli，用坐标系统轻松地显示加速。

二．编写样例代码

为了编写代码，我们需要先看看 Accelerometer 对象和 API 了解哪些事件需要监听。

在 API 中，我们想要研究一下 change 事件。幸运的是，多亏 Johnny-Five 的 API，我们还可以得到加速器的很多其他信息。在 change 事件处理器里，我们可以访问如表 8-3 所示的数据。

表 8-3

数据	属性
this.x	这是力的 x 坐标值
this.y	这是力的 y 坐标值
this.z	这是力的 z 坐标值
this.pitch	这是设备的正倾斜角度
this.roll	这是设备的侧倾斜角度
this.acceleration	这是设备的总加速度
this.inclination	这是设备的倾角（对倾斜程度的度量）
this.orientation	这是设备的物理定向，值从-3 到 3

由于我们想要在输出中显示柱状图，来考虑一下需要给这些图表设置的范围吧。坐标轴的原始数据没有告诉我们太多信息，所以可以跳过这些图表。正倾斜角度、侧倾斜角度和倾角都是角度值，所以在-180 到 180 之间。加速度会在-2 到 2g 之间，尽管你可以在 ADXL345 里设置到 16g。物理定向会在-3 到 3 之间。

了解了这些后，代码如下所示。

```
var five = require('johnny-five');
var barcli = require('barcli');
var board = new five.Board();

board.on('ready', function(){
  //set up our accelerometer
  var accel = new five.Accelerometer({
    controller: 'ADXL345'
  });

  //set up our graphs
  var pitch = new barcli({
    label: 'Pitch',
    range: [-180, 180]
  });
  var roll = new barcli({
    label: 'Roll',
    range: [-180, 180]
  });
  var acceleration = new barcli({
    label: 'Acceleration',
    range: [-2, 2]
  });
  var inclination = new barcli({
    label: 'Inclination',
      range: [-180, 180]
    });
```

```
var orientation = new barcli({
    label: 'Orientation',
    range: [-3, 3]
});


accel.on('change', function(){
    pitch.update(this.pitch);
    roll.update(this.roll);
    acceleration.update(this.acceleration);
    inclination.update(this.inclination);
    orientation.update(this.orientation);
});
});
```

一旦你写好了这些，将你的加速器平放在桌面上，运行如下命令启动项目。

node accel-i2c.js

你会看到控制台里显示了一些柱状图标，如图 8.6 所示。

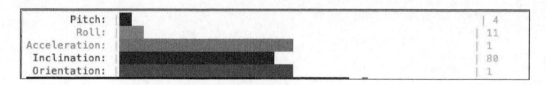

图 8.6　控制台里的 Barcli 柱状图

随着移动加速器，观察显示值的变化！柱状图应该总是实时更新。

按照这个模式，你可以进行很多项目，比如你可以附上舵机来配合正倾斜角度和侧倾斜角度，或在加速的时候让 LED 灯更加明亮！你可以从加速器获得很多输入来对你的 NodeBots 项目产生更多的影响和添加额外的维度。

现在我们已经了解了设备和微控制器通信的两个最流行的协议，下面再来更多地探索一下。来讨论一下在你的 Johnny-Five 项目里使用外部设备。

8.5　外部设备

SPI、I2C 和其他协议已经很复杂了，但其实通过 Johnny-Five 项目我们还可以使用更多的其他类型的设备。严格来说这已经不是 Johnny-Five 库的范畴了，但因为它们使用的是 Node.JS，所以也很适合 Johnny-Five 库。下面来看看原因和怎样在 Johnny-Five 中使用它们。

8.5.1　为什么要有外部设备

微控制器很棒！它们可以做很多事情（输入、输出等），但是有时你会看到一个新设备并没有插入微控制器。可能它有自己的微控制器，比如四轴飞行器或无人机！这一节会讨论通过 Node 使用这类设备，并集成到你的 Johnny-Five 项目中。

很多已经集成到 Johnny-Five 项目中的很酷的例子有：视频游戏控制器；LeapMotion 控制器，一个手势传感器，可以捕获手的位置和移动；无线连接四轴飞行器，比如 Parrot AR 无人机。

但是如果不用 Johnny-Five，我们怎么与设备通信呢？答案其实还是在 Johnny-Five 中：`node-serialport` 是一个处理串行连接的 Node.JS 库。让我们来看看这个库是怎么帮我们构造一个超赞的 NodeBots 世界的。

一. node-serialport

五年前，NodeBots 根本不存在。十年前，甚至连想法都没有。JavaScript 只是一个浏览器语言。然而，通过 Node 的出现，各种新技术开始可用于 Node。

串行连接是各种设备（比如打印机、网络摄像头）之间的通信渠道，很多外围设备我们每天都在使用。2009 年，Chris Williams（常被称为 NodeBots 的"教父"！）创建了 `node-serialport`。`node-serialport` 库让你可以用 Node.JS 与串行设备通信。

开始的时候，NodeBots 并没有因此像此书中这样流行起来，它还是很小众的让串行连接工作的方式。但是，`node-serialport` 诞生后不久，Rick Waldron 在其上编写了 Johnny-Five。是的，隐藏其后，Johnny-Five 事实上使用的 `node-serialport` 与 Arduino 开发板通信，就像我们之前演示的例子一样。

当然，还有其他的设备有自己的使用 Node 的方法，它们用了 `node-serialport` 以外其他的库，这包括用于玩 PC 游戏的游戏手柄。很多你可以通过 USB 添加到你的计算机上的设备现在都可以通过 Node 添加了，这要感谢另外一个库叫作 `node-hid`。

二. node-hid

`node-hid` 库用于 Human Interface Device（人机接口设备，HID），例如游戏手柄。HID 是 USB 规范的一部分，并且允许多个外围设备以一种简单易懂易模拟的方式与计算机通信。

很流行的 HID 设备的使用有游戏手柄、电脑游戏和回顾系统模拟。下一部分，我们要探索怎样在 Johnny-Five 里使用这些外部设备，会用到 `node-gamepad` 的库。

8.5.2 构建一个 USB 游戏手柄

我们要构建的是一个混合系统，会使用到 Johnny-Five 和其他的 Node 插件，以达到完成更多事情的目的。我们会在 LCD 上显示 N64RetroLink 控制器上（或 PS3 控制器左侧）的游戏杆的 x 和 y 坐标。

一．硬件

首先，我们将 LCD 接线到 Arduino 上显示数据。记住图 8.7 用于 I2C 显示，图 8.8 用于标准 LCD 显示。

一旦接线好 LCD，将游戏手柄与电脑连接。如果使用的是 RetroLinkN64 控制器，用 USB 连接。如果使用的是 PS3 控制器，可以用蓝牙配对连接，也可以用 USB 连接。

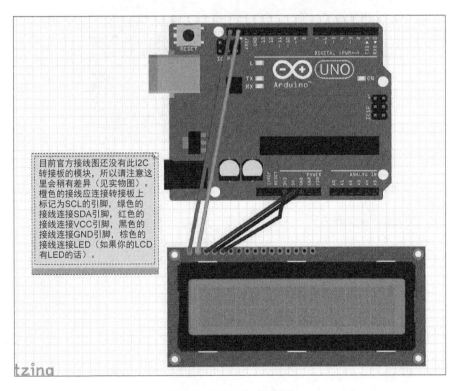

目前官方接线图还没有此I2C转接板的模块，所以请注意这里会稍有差异（见实物图）。橙色的接线应连接转接板上标记为SCL的引脚，绿色的接线连接SDA引脚，红色的接线连接VCC引脚，黑色的接线连接GND引脚，棕色的接线连接LED（如果你的LCD有LED的话）。

图 8.7　I2C LCD 接线图

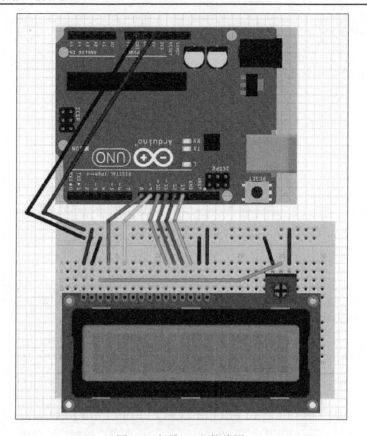

图 8.8　标准 LCD 接线图

二. node-gamepad API

写代码之前我们先来看看 node-gamepad 库。首先，安装这个库：

npm install node-gamepad

这个命令会安装库并重新为 `node-hid` 构建自带的绑定关系。然后看一下 gamepad 构造函数：

```
var GamePad = require('node-gamepad');
var gamepad = new GamePad('n64/retrolink'); //using PS3? use 'ps3/
dualshock3' instead
```

构造函数接受一个路径指向由库提供的键值对应，retrolink 控制器使用 n64/retrolink，PS3 控制器使用 ps3/dualshock3。

对于游戏杆数据，我们需要在游戏杆上放置一个事件处理器，这样当它移动时可以得到响应数据：

```
gamepad.on('center:move', function(data){ ... }); //Using PS3? use
'left:move'
```

data 对象会有 x 和 y 属性，表示游戏杆的 x 和 y 坐标。

现在我们知道 gamepad 上想要得到什么数据了，你可以用已有的 Johnny-Five 知识来将代码组合起来！

三．代码

创建一个 controller.js 文件，写入如下代码。

```
var five = require("johnny-five");
var GamePad = require( 'node-gamepad' );
var board = new five.Board();


var controller = new GamePad( 'ps3/dualshock3' );
controller.connect();


board.on("ready", function() {
  // Controller: PCF8574A (Generic I2C)
  // Locate the controller chip model number on the chip itself.
  var l = new five.LCD({
    controller: "PCF8574A",
  });
```

```
//If you're using a regular LCD, comment the previous three
// lines and uncomment these lines:
// var l = new five.LCD({
//   pins: [8, 9, 10, 11, 12, 13]
// });


var x, y;


// if you're using a PS3 controller, change center:move to
//  left: move!
controller.on( 'center:move', function(data) {
  x = data.x;
  y = data.y;
});


// Updates on an interval to not overwhelm the LCD!
setInterval(function(){
  l.clear();
  l.cursor(0, 0).print('X: ' + x);
  l.cursor(1, 0).print('Y: ' + y);
}, 250)
});
```

执行下面的命令。

```
node controller.js
```

你应该会看到当移动游戏杆的时候，LCD 显示会更新！

现在挑战来了，给控制器的一个按钮也添加一个监听器，并将结果也显示在 LCD 上！

8.6　小结

我们在这一章里完成了很多事情。了解了 SPI、I2C 和怎样结合使用 Johnny-Five、外部库和外部设备。下一章（很遗憾是最后一章了），我们会讨论在 Johnny-Five 里使用不同的微控制器和怎样将你的项目连接到网络上。

第 9 章
让 NodeBots 与
世界相连接

我们现在已经了解了几乎所有步入 JavaScript 机器人技术世界需要知道的知识,除了怎样将机器人连接到网络上,还有下一步的去向。这一章会带大家了解怎样将你的 Nodebots 连接到在线服务器上,例如 Twilio,以及 Johnny-Five 和其他库怎样指引你继续探索接下来的项目。

这一章包括以下内容:

● 将 NodeBots 连接到网络上;

● Johnny-Five 和微控制器的广阔世界;

● 其他 JS 机器人技术库和平台;

● 下一步的去向。

9.1　本章需要用到的模块

你需要微控制器、一个温度传感器和一个按键。我们要构造一个机器人，当按下按钮时可以发送室内外温度的文字信息。如果你可以得到一个 Particle Photon（见 www.particle.io 的在线商店），你还可以学习怎样只改不到两行代码就可以让代码在多平台工作。

最后，还需要你的热情和好奇心，这是能给你下一个 NodeBots 项目灵感的重要元素！

9.2　将 NodeBots 连接到网络上

机器人真的很酷：收集数据，再通过颜色、文字甚至图片输出数据！当机器人只能与自己通信时，就只能做这么多了。但是，因为我们是将 NodeBots 构建在 Node 平台上的，所以与网络服务器通信并将网络数据用于我们的项目并不难。怎么做呢？你需要记住的所有 NodeBots 代码就是下面这些。

9.2.1　这只是一个 Node 服务器

在我们的 NodeBots 里实现数据提取和第三方 API 很简单，特别是当 npm 帮我们轻松地安装各种喜爱的 API 时。

你可以通过 npm 安装到你电脑上的任何东西，都可以用于 NodeBots。例如，我有个可穿戴设备要从 tweets 提取颜色，使用 Twitter 和 npm 的颜色组件轻松地完成了！

我们第一个例子里，要构造一个硬件方面相对简单的机器人。它有一个按钮和一个温度传感器。但是，我们要将它连接到网络上收集天气数据并使用 Twilio 来发回给我们。

9.2.2　使用 Twilio

开始之前，你先要根据 `http://twilio.github.io/twilio-node` 的指引获得自己的账户、电话号码和 API 秘钥。一旦你获得这些信息，保存好供项目代码使用。

9.2.3　构造 WeatherBot

首先，我们来接线 WeatherBot，如图 9.1 所示。

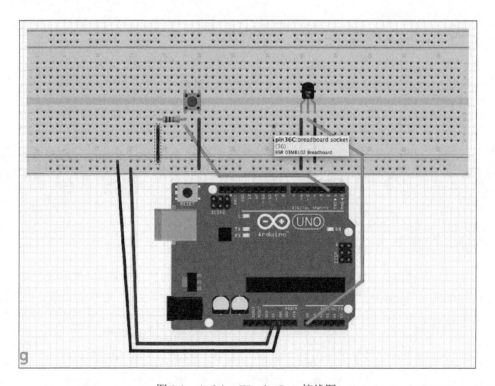

图 9.1　Arduino WeatherBot 接线图

连接好后，备好 Twilio API 秘钥和电话号码，要开始编码了。

先来看看将要执行的步骤：

1. 我们需要搭建 weather 和 Twilio 服务器，创建自己的开发板对象并启动它。

2. 然后，当开发板准备好时，创建一个温度传感器对象和一个 button 对象。

3. 当温度传感器更新后，需要更新当前室内温度的变量。

4. 当按下按钮时，需要获得室外温度数据，并合并室内天气数据，使用 Twilio 客户端发送消息。

所以我们需要创建 arduion-weatherbot.js 文件并写入以下代码。

```
var five = require('johnny-five');
// we'll use weather-js for the weather
var weather = require('weather-js');
// and Twilio so send our text message
var twilio = require('twilio')(YOUR_ACCOUNT_SID, YOUR_AUTH_TOKEN)


var board = new five.Board();


board.on('ready', function(){
  var button = new five.Button(2);
  var temp = new five.Temperature({
    pin: 'A0',
    controller: 'TMP36' // Make sure you use the controller proper
      for your sensor!
  });


  var currentTemp = undefined; // we'll stash the temp sensor data
```

here

```
button.on('press', function(){
  console.log('Inside: ' + currentTemp + ' degrees F');
  weather.find({ search: 'Austin, TX', degreeType: 'F' },
    function(err, data){
    console.log('Outside: ' + data[0].current.temperature + '
      degrees F');
    twilio.sendMessage({
        to: YOUR_PHONE_NUMBER,
        from: YOUR_TWILIO_NUMBER,
        body: 'Inside: ' + currentTemp + ' degrees F \n Outside:
          ' + data[0].current.temperature + ' degrees F'
    }, function(err, responseData) {
      if(!err){
        console.log('Success!');
      } else {
        cosole.log(err); // we need to catch any Twilio errors
      }
    });
  })
})


temp.on('change', function(err, data){
  currentTemp = data.F; //stash the temp data when it changes!
```

```
    });

  });
```

写好这些后，请注意替换 `YOUR_ACCOUNT_SID` 和 `YOUR_AUTH_TOKEN` 为你从 Twilio API 接收的值，`YOUR_PHONE_NUMBER` 需要替换为你可以发消息的手机号，`YOUR_TWILIO_NUMBER` 需要替换为你从 Twilio 得到的号码。最后，需要把 Austin, TX 改为你的位置，这样可以得到更准确的数据！

9.2.4 使用 TextBot

现在，拿起手机并运行如下代码。

`node arduino-weatherbot.js`

一旦你按下按钮，等一会儿，你就会在手机上看到如图 9.2 所示的短消息！

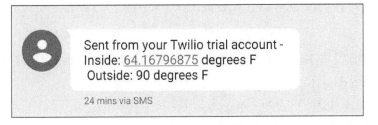

图 9.2 从 WeatherBot 得到的短消息

现在你可以将 NodeBots 连接到两个在线服务器上：weather-js 使用 Yahoo weather 和 Twilio！

我们在 Arduino Uno 上完成了很多了，一切都很棒，再来继续看看其他微控制器吧，看看通过 Johnny-Five 能让它们变得多么简单！

9.3　Johnny-Five 和微控制器的广阔世界

在这本书里你已经使用了很多 Johnny-Five 的功能了，但我们还没说到它最棒的功能！当然，REPL 和 API 绝对是很棒的功能点，但更让它脱颖而出的是对微控制器支持的广泛性。

访问 johnny-five.io/platform-support 可以得到 Johnny-Five 的最新支持，这个页面含有 Johnny-Five 支持的所有平台，以及它们支持的组件类型。

在之后的构建中，我们会用到包装程序，这是一段代码用来将 Johnny-Five 的 Firmata 通信方法翻译到其他不需要使用 Firmata 的平台上。在我们的构建里，例如，我们会使用一个 Particle Photon，它使用了叫作 VoodooSpark 的固件。包装程序 particle-io 本质上就是用来告诉 Johnny-Five 怎么使用 VoodooSpark，这样我们可以在我们的代码中使用 Photon。

来看看将我们的 Arduino Uno WeatherBot 代码转移到 Particle Photon 上是多么简单吧。Particle Photon 是一个无线连接的微控制器，可以在 particle.io 查阅到。当然 Uno 和 Photon 一定有很多不同的地方：Photon 是 20 美元的无线连接设备，随之可用的有 Particle 提供的免费云服务。

一旦收到 Photon，你需要用 particle-cl 创建一个账户并且声明这个 Photon。做这些事情时需要将 Photon 插入 USB 接口，当状态灯闪烁蓝色时，用 npm 安装 CLI 并运行 setup：

```
npm install -g particle-cli
particle setup
```

运行 setup 时会需要你的访问令牌和设备 ID。运行下面的命令得到设备 ID。

```
particle list
```

然后，复制你刚刚搭建好的 Photon 的十六进制标识符。想要得到访问令牌，运行如下命令。

```
particle token list
```

下一步，复制任意一个未过期的令牌的十六进制值。

最后我们需要用 VoodooSpark 来使 Photon 闪烁，VoodooSpark 是一个固件，就像 Uno 上的 Firmata 一样，帮助我们的 Johnny-Five 代码和 Photon 通信。有两种方法：一种是按照 `https://github.com/voodootikigod/voodoospark` 上的指示操作，另一种是使用新的命令行工具 `voodoospark-installer`。想使用新的 CLI，用下面的命令安装。

```
npm install -g voodoospark-installer
```

然后，继续运行命令：

```
voodoospark
```

这里会需要你的 Particle 用户名和密码，然后列出一张 Photon 的清单供你选择。选择 Photon 后，单击 Enter，就会安装 VoodooSpark 到这个 Photon 上。

9.3.1　将 WeatherBot 移植到 Particle Photon 上

首先，来看看这个机器人的硬件安装。与 Arduino Uno 的搭建很像，但引脚有些不同，如图 9.3 所示。

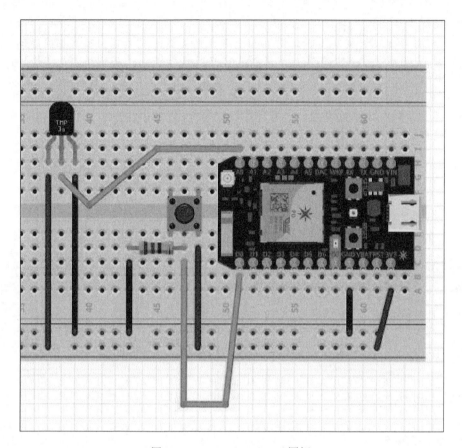

图 9.3　WeatherBot Photon 图解

下面，我们需要进入项目文件夹，安装 `particle-io`。`particle-io` 模块是一个 Johnny-Five 包装的模块，它告诉 Johnny-Five 怎样与 Photon 通信，因为这和与 Arduino 通信有些不同。

```
npm install particle-io
```

现在，我们需要将包装程序加入我们的代码中。建议你把原始代码复制到一个新的名为 photon-weatherbot.js 的文件中。

```
var five = require('johnny-five');
```

```javascript
// our particle-io wrapper
var Particle = require('particle-io');
// we'll use weather-js for the weather
var weather = require('weather-js');
// and Twilio so send our text message
var twilio = require('twilio')(YOUR_ACCOUNT_SID, YOUR_AUTH_TOKEN)

var board = new Particle({
  deviceId: YOUR_DEVICE_ID,
  token: YOUR_ACCESS_TOKEN
});

board.on('ready', function(){
  var button = new five.Button('D0');
  var temp = new five.Temperature({
    pin: 'A0',
    controller: 'TMP36' // Make sure you use the controller proper for
your sensor!
  });

  var currentTemp = undefined; // we'll stash the temp sensor data
here

  button.on('press', function(){
    console.log('Inside: ' + currentTemp + ' degrees F');
    weather.find({ search: 'Austin, TX', degreeType: 'F' },
function(err, data){
      console.log('Outside: ' + data[0].current.temperature + '
degrees F');
      twilio.sendMessage({
          to: YOUR_PHONE_NUMBER,
          from: YOUR_TWILIO_NUMBER,
          body: 'Inside: ' + currentTemp + ' degrees F \n Outside: ' +
            data[0].current.temperature + ' degrees F'
      }, function(err, responseData) {
        if(!err){
          console.log('Sucess!');
```

```
    } else {
      cosole.log(err); // we need to catch any Twilio errors
    }
  });
 })
})

 temp.on('change', function(err, data){
   currentTemp = data.F; //stash the temp data when it changes!
 });
});
```

注意这些变化。我们需要引入包装程序，放入 Board 对象的构造函数里，并且改变按钮和温度传感器的引脚。

就是这样，代码其他的部分工作起来都一样，Johnny-Five 支持的任何平台都是这样的。这就是 Johnny-Five 的一个最大的优势，我们有各种 API 可以在无数不同的平台上构建 NodeBots，并且代码的改动很小。运行代码观察结果！

现在我们已经探索了怎样切换平台，至于切换平台为什么是有益的，取决于你工作的项目的类型。

9.3.2 连线的限制和 Johnny-Five

你可能已经注意到基于 Johnny-Five 安装 Arduino 的一个限制：为了保持 Johnny-Five 的运行，需要保持微控制器与电脑通过 USB 连接着，保持 Node 代码运行在电脑上。幸运的是，并不是 Johnny-Five 上的所有 NodeBots 都需要这样。例如，BeagleBone Black 运行着板载 Node，所以使用 beaglebone-s，不需要连线到电脑上。你可以直接在设备上运行 Johnny-Five 代码。类似的还有 Raspberry Pi 的 raspi-io 和 Tessel 2 的 tessel-io。

现在越来越多的设备会添加 Johnny-Five，连线的限制问题也会随之越来越少。

9.4　其他 JS 库和平台

Johnny-Five 绝对是一个很棒的库，也是 NodeBots 的基础。当然，开源的硬件和软件的好处之一就是在探索 NodeBots 世界的过程中，会有一系列的选择。每天都有新的选择和项目出现，我会在其中挑选一些来介绍！

9.4.1　Espruino

Espruino 是 Gordon Williams 的一个开源项目，用来创建在开发板上运行 JavaScript 的微控制器。现在有两个可用产品：尺寸如信用卡大小的 Espruino 和尺寸如邮票大小的 Pico。都通过 USB 连接。

注意 Espruino 不使用 Node，它用它自己的 JavaScript 版本，很多地方改动很大。当然，对于大部分 JavaScript 程序员来说，看上去还是相当熟悉的。

Espruino 使用一个 Chrome 应用来编码和启动开发板，文档也很详尽。作为开源项目，欢迎大家来贡献代码。可以在 `www.espruino.com` 找到更多的关于 Espruino 的信息，并且可以在 Adafruit 上购买其开发板。

9.4.2　Tessel

Tessel 项目是另一个全开源平台，有两个版本。Tessel 1 使用 LUA 解释器运行类似 Node 的环境，Tessel 2 在 Linux 上运行 Node。注意 Johnny-Five 包装程序 `tessel-io`

只用于 Tessel 2！当然，两个版本的开发板都很有意思，并且不用 Johnny-Five 也很易于使用，而且 Tessel 指导委员会的支持和文档都很好。

Tessel 2 在写这本书时已经准备发布了，你可以查看进度，或在 tessel.io 上预定购买一个。

9.4.3　Cylon.js

Cylon.js 是很像 Johnny-Five 的一个库，也支持很多平台。它的关注点稍稍广泛一些。Johnny-Five 将重点放在保证微控制器的支持，而 Cylon 支持了其他的串行外围设备。你可以在 cylonjs.com 上找到更多关于这个开源项目的信息。

9.4.4　JerryScript

JerryScript 是 Samsung 的一个很新的开源项目，它让 JavaScript 引擎运行在很小的内存上，这样就可以不用将微控制器运行在 Linux 之上。这是一个很新而且目标很远大的项目，如果成功了，就可以迎接一个 JavaScript 机器人全新的纪元了。你可以从 https://samsung.github.io/jerryscript/ 获得更多信息。

9.4.5　小型 Linux 计算机

这里面合作会少一些，更多的是一个设备的种类，几乎每隔几个月都会有新的更小更快的 Linux 机器出现。从 Raspberry Pi 到 Onion Omega，这些机器有它们自己的 GPIO，绝对值得好好探索。很多都在 Johnny-Five 之外有它们自己的 GPIO Node 模块。例如，BeagleBone Black 有 BoneScript。对这些微小的计算机持续保持关注吧，当要构建自己的独立 NodeBots 项目时，绝对可以考虑它们。

9.4.6　供应商库

很多 IoT 微控制器也带有 JS 库。例如，Particle 发布了一个 npm 模块，使用 Spark 包通过它们的云服务与其 Core 和 Photon 工作（注意，因为公司名称更改，这本书发布的时候，包的名字可能会改变）。很多供应商根据自己的情况趋向支持 Node，所以当想要尝试新的硬件平台时，先找一下是否有相应的 npm 包。

9.5　下一步的去向

已经到本书的尾声了，我想列出我经常被问到的三个问题：下一步我应该做什么？我应该构建什么？遇到问题找谁帮助？

关于构建什么，你可以像我一样。我随身携带一个小笔记本，虽然我经常用手机记录想法。我会思考每天生活中遇到的小事情。哪些问题我可以解决？怎样做看上去会很酷？我写下这些困难或想要的东西，之后再来细想。我会问自己，我能用 NodeBot 来解决吗？如果能，太棒了！我下一个项目就出现了。我相信用这个方法你会有多的超出你想象的想法的。

一旦你构建了一些东西，写出来！NodeBot 社区希望看到你构建的过程。你构建的不用是下一个地表定位六足机器人，看到你构造的网络连接圣诞灯或自动狗狗喂食器我们都会很开心。你永远都不可能有足够多的例子供他人查看，所以最好的回报办法之一就是文档。

如果你实现了新功能了呢？给 Johnny-Five 发一个代码提交申请。这个团队很乐意看到快速发现的问题，友好的反馈，并且帮你一起将新的组件加入 Johnny-Five。

还有，来跟我们的 Gitter 小组打个招呼吧，我们特别的友好，并且喜欢认识新的朋友和 NodeBot 创建者。

感谢跟我一起走完 JavaScript 机器人编程之路！我的 Twitter、GitHub 等很多名称都是 nodebotanist，来跟我打个招呼，介绍一下你构造的机器人吧！